畜禽健康养殖关键技术丛书

奶牛 健康养殖关键技术

孙 鹏 等 编著

U0349130

中国农业科学技术出版社

图书在版编目（CIP）数据

奶牛健康养殖关键技术／孙鹏等编著. —北京：中国农业科学技术出版社，2021.6

ISBN 978-7-5116-5365-9

Ⅰ.①奶… Ⅱ.①孙… Ⅲ.乳牛-饲养管理 Ⅳ.①S823.9

中国版本图书馆 CIP 数据核字（2021）第 114624 号

责任编辑	金　迪	
责任校对	马广洋	
责任印制	姜义伟　王思文	

出 版 者	中国农业科学技术出版社	
	北京市中关村南大街 12 号　邮编：100081	
电　　话	(010)82109705(编辑室)　(010)82109702(发行部)	
	(010)82109709(读者服务部)	
传　　真	(010)82109705	
网　　址	http://www.castp.cn	
经 销 者	各地新华书店	
印 刷 者	北京建宏印刷有限公司	
开　　本	710mm×1 000mm　1/16	
印　　张	8.5	
字　　数	153 千字	
版　　次	2021 年 6 月第 1 版　2021 年 6 月第 1 次印刷	
定　　价	56.00 元	

《奶牛健康养殖关键技术》
编著委员会

主 编 著：孙　鹏

副主编著：郝力壮　　马峰涛

编著人员：常美楠　　李洪洋　高　铎　金宇航

　　　　　沃野千里　王飞飞　刘俊浩　刘　苗

　　　　　王彦生

前　言

中美贸易摩擦给我国奶牛养殖业发展带来机遇与挑战，一方面导致我国奶牛养殖成本增加、预期利润率降低等问题，另一方面也有助于促进我国奶牛产业结构性改革，实现产业转型升级，并推进我国饲草料产业结构优化，加快饲草料产业发展。在新机遇和新挑战的新形势下，党和政府也对我国奶牛养殖业提出了新要求和高标准，体现了奶业发展对于民族健康和消除贫困的战略作用。在此背景下，奶业科研工作者有义务承担起时代赋予的奶牛健康养殖科研和技术推广的责任，守护奶牛健康，牢记"四个面向"，助力我国奶业健康可持续发展。奶牛健康养殖是以保护奶牛健康，提高奶牛福利为主线，生产优质、安全、无公害的奶制品，以保护人类健康为核心，以管理科学、节约资源、环境友好、效益与环境统一为最终目的的奶业可持续养殖方式。奶牛从出生到产犊、产奶主要分为4个阶段——犊牛期、后备牛期、围产期和泌乳期，不同生理阶段奶牛的营养需要、生理状况和代谢水平存在巨大差异，各阶段奶牛对于饲养管理要求也不同，奶牛健康状况直接影响其生长发育、生产性能和乳品质，与奶牛养殖收益和奶及奶制品的食品安全问题息息相关，制约着奶牛产业的可持续发展。可见，奶牛健康养殖势在必行。

基于奶牛健康养殖的必要性和紧迫性，本书系统全面地介绍了奶牛健康养殖的系列关键技术，结合奶牛犊牛期、后备牛期、围产期以及泌乳期4个生理阶段的生物学特性，从奶牛福利角度，全面探讨了奶牛各个生理阶段的营养需要和核心的饲养管理技术。尤其在当前畜牧养殖业全面禁抗和养殖环境愈发重要的背景下，阐述了对奶牛无抗养殖和奶牛养殖环境的要求，可为奶牛无抗健康生产提供参考。

全书共分为十章，主要内容包括：健康养殖概述、奶牛胃肠道消化吸收、奶牛不同生长期饲养管理、健康养殖的新型牛场设施、奶牛营养调控措施、奶牛无抗养殖、奶牛养殖与环境、奶牛常见疾病、奶牛福利的推行与实施和奶牛相关产品与人类健康，这些内容将为牧场实现奶牛健康养殖提供科学指导。

本书是在中国农业科学院科技创新工程重大产出科研选题（CAAS-ZDXT2019004）、国家高层次人才特殊支持计划及中国农业科学院科技创新工程（ASTIP-IAS07）资助下完成。本书是多人智慧的结晶，在此由衷地感谢参与书稿编著的各位老师和同学。

鉴于作者水平有限，书中存在的疏漏与不足之处在所难免，敬请广大读者批评指正。

编著者

2021 年 4 月

目　　录

第一章　健康养殖概述

第一节　畜禽健康养殖概念

健康养殖（Healthful aquaculture）指根据养殖对象的生物学特性，运用生态学、营养学原理来指导养殖生产，也就是说要为养殖对象营造一个良好的、有利于其快速生长的生态环境，提供充足的全价营养饲料，使其在生长发育期间最大限度地减少疾病发生，使生产的食用产品无污染、个体健康、肉质鲜嫩、营养丰富与天然鲜品相当。也有学者认为，健康养殖是应用自然科学的基本原理，对特定的养殖系统进行有效控制，保持系统内外物质、能量流动的良性循环、养殖对象正常生长、产品符合人类需要的综合养殖技术。总之，健康养殖涉及生态学（包括环境生态学、动物微生态学）、动物营养学、环境科学、系统科学等，其本质是要对动物和人类的健康负责，这就意味着健康养殖最终要为人类提供安全、健康的营养食品。健康养殖的核心理念和价值是畜禽健康、环境健康、产品健康、人类健康和产业链健康等五大类健康。

畜禽健康养殖是以安全、优质、高效、无公害为主要内涵，利用当代先进的畜牧兽医科学技术，建立数量、质量、效益和生态和谐发展的现代养殖业，从而实现基础设施完善、管理科学、资源节约、环境友好，经济、生态和社会效益高度统一的一项系统工程。确立我国畜牧业新型工业化健康养殖发展模式，大幅度提高我国畜禽养殖业新型工业化发展水平，建立安全、优质、高效、节耗、环境友好型畜禽养殖业技术体系，培育产业化优势企业和品牌，增强我国畜禽产品在国际和国内两个市场上的竞争能力，推进社会主义新农村建设。

畜禽健康养殖要求建立畜禽健康养殖评价、监测技术方法，开发规模化健康养殖全过程控制、产品质量检测和可追溯、舒适环境工艺技术和废弃物资源化循环利用等共性关键技术；通过对新型规模化猪、禽、牛、羊等健康养殖模式研究与产业化示范，提高畜禽生产水平和资源利用效率，改善动物产品质量安全，减少畜牧业生产环境公害，建立畜牧业新型工业化发展模式，大幅度提高我国畜牧业的国际竞争力和可持续发展能力。

第二节　畜禽健康养殖策略

一、培养从业人员的健康养殖意识

由于目前从事畜禽养殖业的人员大部分是农民，他们的专业水平普遍较低，文化程度参差不齐，法律意识淡薄，不清楚自己应该承担的法律责任。因此，要不断对广大养殖户进行法律法规及养殖技术的培训，依法增强科学养殖观念，改变过去传统的饲养模式，逐步树立健康养殖意识。加大对畜产品质量安全宣传力度，普遍提高全民的畜产品质量安全意识。依法加大对畜产品质量安全的监管，实现养殖环节的全程监控和可追溯体系的建立。加快无公害产品生产示范区和标准化养殖示范场建设，全面推动无公害、绿色产地认证工作，形成从内到外的生产监管模式。

二、推广健康养殖模式，推进标准化规模养殖

养殖模式是影响养殖效果和环境生态效益的技术关键。畜禽养殖场要以保障畜禽健康为核心，对传统的养殖模式进行全面改造升级。健康养殖模式应当是品种良种化、生产标准化、模式生态化。将种植业、养殖业和加工业有机结合，对养殖过程中的废弃物进行循环再利用，发挥各种资源的最佳效果。最大限度地减少养殖过程中废弃物的产生，既取得良好的经济效益，又收到最佳的环境生态效益，形成自然环境与经济和谐发展的健康养殖模式。建立健康养殖模式不单是为了畜禽的健康，更主要是为了实施畜牧业的可持续发展战略。要不断推进健康清洁和生态规模养殖，推广"畜—沼—菜"模式或"粮—畜—沼—果"模式。这些模式最大特点就是利用生物技术，实现立体化生产和无废物生产，最大限度地利用资源和减少环境污染。逐步淘汰落后的传统养殖模式，改造提升与新建示范场同时进行，减少养殖场周边环境压力。目前的畜牧业生产由于盲目性大，极易造成大起大落，除市场因素外，与其规模结构有很大关系。要积极推广标准化规模养殖，使各个生

产工序严格按照预定的标准进行，技术质量可控，产品质量有保障，生产规模固定，产量稳定。

三、强化养殖场基础设施建设，推广养殖新技术

开展健康养殖，必须改善畜禽生长环境。科学地建造养殖场和畜禽舍，除了能提供畜禽生长空间和基本的防疫功能之外，还应具有较强的环境调控和净化功能，能切断病原传播途径，减少畜禽应激。要强化养殖场基础设施建设，大力推广全封闭畜舍、自动调控温度、自动调控湿度、湿帘降温技术，应用自动给料饮水、自动清粪等设备，不断改善畜禽的生存环境，提高畜禽的免疫力和抗病能力。

健全粪污的无害化可利用体系，实现循环经济发展。饲料中添加合成氨基酸，降低粪尿中氮的排出量。饲料中使用植酸酶，可大幅降低粪尿中磷的排出量，节约生产成本，减少环境污染；饲料中使用有机微量元素，可减少矿物质的添加量，降低粪便中金属离子对环境的污染；同时对粪便进行无害化处理，发酵肥田或生产沼气，既可杀死大部分病原微生物和寄生虫卵，又可提高肥效，提供清洁能源，除去臭气，净化环境。

四、推行科学管理，减少药物使用

动物养殖场成败的关键是科学管理的水平。应加强养殖过程中的饲养管理和疫病控制，加强养殖环境的管理和对能引起畜禽应激反应的生态因子、自然因素的监控，控制合理的饲养密度。养殖场在规划设计、建设过程中要严格遵守动物防疫条件规范要求。在动物疫病防治上，应该用系统论和生物进化论分析畜禽生物系统，分析有害微生物与动物群体处于何等状态。加强养殖环境的生物安全、饲料添加剂和兽药使用的全程监管，制订科学合理的免疫程序，注重抗体水平监测，科学确定免疫时机，保持动物群体的高免疫力。依法实施防疫检疫监管，实现畜牧业可持续健康发展。

中国40%的抗生素用在了养殖业上，在用药问题上往往陷入用药→大剂量→多残留的恶性循环。而在欧美等发达国家的养殖企业，为了减少药物使用和残留问题，在动物饲养过程中，通过科学合理的饲料投喂技术，及时添加和补充质量稳定的高端复合维生素，提高畜禽的健康水平，基本上不再使用抗生素。欧盟已明文禁用吉尼亚霉素、螺旋霉素、磷酸泰乐菌素、杆菌肽锌的使用。在推广健康养殖过程中，应积极借鉴国外先进经验，严格规范药物使用，从动物健康和食品安全角度出发，生产优质动物产品。在畜禽养

殖中，根据动物的不同生长阶段，对饲料中的能量、蛋白质、氨基酸、矿物质、维生素等营养要素进行科学配比，保证饲料的营养均衡、品质优良、安全高效，从而促进畜禽健康生长，提升动物的生产性能，增加养殖效益。同时，树立饲料安全及食品安全的意识，自觉抵制在饲料中添加违禁矿物质、抗生素等行为，以保护畜禽健康，提高动物产品质量。

第二章　奶牛胃肠道消化吸收

第一节　奶牛胃肠道发育特点

奶牛的胃肠道即奶牛的消化道，由口腔、咽、食管、胃（瘤胃、网胃、瓣胃和皱胃）、小肠（十二指肠、空肠和回肠）、大肠（盲肠、结肠和直肠）和肛门组成，与消化腺共同构成奶牛的消化系统（图2-1）。采食的饲料通过口腔，经咽和食管被运送到胃肠道内，在消化腺分泌的消化液的作用下，经过一系列复杂的消化和吸收过程，最后将饲料中的营养物质供给机体利用并将食物残渣经肛门排出体外。

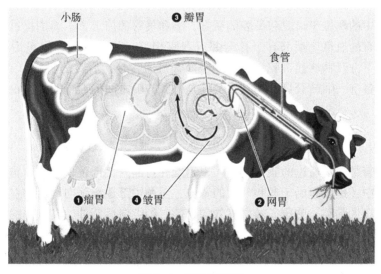

图2-1　奶牛胃肠道

（图片来源：https://www.sohu.com/a/214829074_207012）

一、口腔

奶牛口腔内唇较短厚、不灵活、坚实,以口轮匝肌为基础,外盖皮肤,内衬黏膜,黏膜内有唇腺,分为上唇和下唇两部分,上、下唇的游离缘共同围成口裂。上唇的中部和两鼻孔之间平滑的无毛区,称为鼻唇镜。鼻唇镜表面有鼻唇腺分泌的液体,使鼻唇镜保持湿润且温度较低。舌占据口腔的绝大部分,附着于舌骨上,分为舌根、舌体和舌尖3部分。舌根和舌体宽厚,舌尖灵活,是采食的主要器官。舌尖为舌前端的部分,向前呈游离状态,与舌体交界处的腹侧面有两条黏膜褶,称为舌系带,与口腔底部相连。舌为肌性器官,主要由舌肌和表面的黏膜构成。舌肌属横纹肌,背面的黏膜表面有许多形态、大小不一的突起,称为舌乳头。奶牛的舌乳头可分为3种,即菌状乳头、轮廓乳头和锥状乳头。前两种乳头为味觉器官,黏膜上皮有味蕾分布。奶牛的舌能够伸展很长,上面的乳头状突起方便卷起饲草和其他饲料。牙齿由坚硬的骨组织构成,是采食和咀嚼的器官。奶牛的牙齿镶嵌于切齿骨和上、下颌骨的齿槽内,上下皆排列成弓形,分别称为上齿弓和下齿弓。奶牛没有犬齿和上切齿,吃草时依靠上牙床、下切齿、唇和舌的配合完成。

二、咽

奶牛的咽位于口腔和鼻腔的后方,喉和气管的前上方,为消化道和呼吸道所共有的通道。咽部有个孔与邻近器官相通,前上方经两个鼻后孔通鼻腔,前下方经咽峡通口腔,后背侧经食管口通食管,后腹侧经喉口通气管,两侧壁各有一咽鼓管口通中耳。咽峡是口腔与咽之间的通道,由舌根和软腭构成。

三、食管

食管是食物通过的肌质管道,也是咽和胃的连接部位,分颈、胸和腹三段。其中,颈段起始于喉和气管的背侧,至颈中部逐渐偏向气管的左侧,经胸腔前口入胸腔,胸段又转向气管的背侧,继续向后延伸,穿过膈的食管裂孔进入腹腔,腹段较短,与瘤胃的贲门相连。奶牛的食管较宽,食管壁分为黏膜层、黏膜下层、肌层和外膜层。肌层为横纹肌,黏膜上皮为复层扁平上皮。黏膜表面形成许多纵行的皱襞,当食团通过时,管腔扩大,皱襞展平,有利于食团下行。在食管的胸腔段背侧有纵隔后淋巴结,当奶牛患有结核病时,该处肿大,压迫食管,易导致嗳气困难,出现慢性瘤胃胀气等症状。

四、胃

奶牛的胃分为4个室，由瘤胃（第1胃）、网胃（第2胃）、瓣胃（第3胃）和皱胃（第4胃）组成，瘤胃经贲门接食管，皱胃经幽门通十二指肠。其中，前3个胃合称前胃，黏膜内无腺体，主要起贮存食物、发酵和分解粗纤维的作用，第4个胃称真胃，黏膜内有消化腺分布，具有真正的消化作用，相当于单胃动物的胃。

（一）瘤胃

瘤胃是成年奶牛最大的胃，约占胃总容积的80%，呈前后稍长、左右略扁的椭圆形大囊，占据腹腔的左侧，其下半部可伸至腹腔的右侧。瘤胃前端接网胃，与第7和第8肋间隙相对，后端达骨盆腔前口。左侧面贴腹壁称为壁面，右侧面与其他内脏相邻称为脏面，左侧面与脾、膈及左腹壁接触，右侧面与瓣胃、皱胃、肠、肝和胰相接触。瘤胃的前端和后端可见到较深的前沟和后沟，两条沟分别沿瘤胃的左右两侧延伸，形成了较浅的左纵沟和右纵沟以及左副沟和右副沟。同时，瘤胃的内壁上存在着与各沟相对应的光滑肉柱，它们由瘤胃壁环形肌束集中形成，在瘤胃运动中起重要作用。瘤胃壁包括黏膜、黏膜下层、肌层和浆膜层，其中黏膜呈棕黑色或棕黄色，表面有无数大小不等的叶状或棒状乳头，内含丰富的毛细血管，瘤胃腹囊、盲囊和瘤胃房中的乳头最发达，肉柱和瘤胃前庭的黏膜无乳头，颜色较淡；黏膜下层为疏松结缔组织，并含有淋巴组织；肌层发达，由内侧的环行肌和外侧的纵行肌构成，环行肌增厚形成肉柱，有的部位纵行肌也参与形成肉柱；浆膜无特殊结构。此外，瘤胃上各沟与对应的肉柱共同围成环状将瘤胃分成背囊和腹囊两大部分。由于前沟和后沟很深，故形成瘤胃房（前囊）及瘤胃隐窝（腹囊前端）、后背盲囊及后腹盲囊。由于瘤胃表面有后背冠状沟和后腹冠状沟，使得后背盲囊与背囊，后腹盲囊与腹囊的界限更加明显。另外，瘤胃前端以瘤网胃口与网胃连通，后端达骨盆腔前口。瘤网胃口的腹侧和两侧有向内折叠的瘤网胃襞，背侧形成一个穹隆，称瘤胃前庭，且前庭顶壁通过贲门与食管相接。

（二）网胃

网胃在4个胃中体积最小，成年奶牛网胃约占胃容积的5%，外形略呈梨形，前后稍扁，为一椭圆形囊。网胃位于季肋部正中矢面上，瘤胃背囊的前下方，与第6~8肋骨相对，前面与膈和肝接触。网胃的后上方有较大的瘤网胃口,网胃经瘤网胃口与瘤胃相通,瘤网胃口的右下方有网瓣胃口与瓣胃相通。网胃的位置较低,与心包之间仅以膈相隔,距离很近。奶牛吞食的尖锐物体常因停留在网胃,进而穿透胃壁和膈而刺入心包,引发奶牛继发创伤性心包炎。网胃壁的组织结构与瘤胃相似,不同的是其黏膜形成许多网格状或蜂窝状的皱褶,似蜂房,网胃底部分布着由许多较低次级皱褶形成的更小的网格,皱襞两侧有垂直伸出的嵴。在皱褶和底部密布着许多细小的多角质乳头。此外,自瘤胃贲门沿瘤胃前庭和网胃右侧壁向下延伸到网瓣胃口之间有一条网胃沟,又称为食管沟,其呈螺旋状扭转并在两侧隆起黏膜褶,称为食管沟唇。未断奶犊牛的食管沟唇发达,机能完善,吮吸时可闭合成管状,形成食管沟,使得乳汁可直接从贲门经食管沟和瓣胃沟到达皱胃,但成年奶牛的食管沟封闭不全。食管沟的黏膜平滑,颜色较淡,有纵行皱褶。食管沟的组织结构与网胃相似,但弹性纤维特别发达。食管沟的底为平滑肌,肌纤维方向为内横外纵,横行肌层厚,纵行肌层薄,纵行肌包括平滑肌束和骨骼肌束,骨骼肌束与食管肌层相连,沟两侧的唇部为纵向平滑肌,与食管的内肌层相连。

（三）瓣胃

瓣胃占成年奶牛胃总容积的 7%~8%,外形如两侧稍压扁的球形,很坚实。瓣胃位于腹腔右肋部的下部,在瘤胃和网胃交界处的右侧,与第 7~11 肋骨下半部相对。瓣胃上部以较细的瓣胃颈和网瓣胃口与网胃相接,底壁有一瓣胃沟。瓣胃沟前接网瓣胃口与食管沟相连,后接瓣皱胃口与皱胃相通。瓣胃的沟底无瓣叶,液体和细碎饲料可由网胃经瓣胃沟进入皱胃。瓣胃壁基本与瘤胃和网胃相似,但其黏膜为许多大小、宽窄不同的褶,称为瓣叶。瓣叶按宽窄可分为大、中、小和最小 4 级,各级瓣叶有规律地相间排列,共百余片,从横切面上看,很像一叠"百叶",因此,瓣胃又称"百叶胃"。

（四）皱胃

皱胃又称真胃,结构与单胃动物的胃相似,皱胃占成年奶牛胃总容积的 7%~8%,呈前端粗后端细的弯曲长囊形,位于右季肋部和剑状软骨部,在网胃和瘤胃腹囊的右侧,以及瓣胃的腹侧和后方,大部分与腹腔底壁紧贴,与第 8~12 肋骨相对。皱胃可分为胃底部、胃体部和幽门部 3 个部分,前端粗大部分称胃底部,后端狭窄部分称幽门部。皱胃以幽门与十二指肠相接。胃底部在剑状软骨部稍偏右,邻接网胃并部分与网胃相附着,与瓣胃相连;胃体部沿瘤胃腹囊与瓣胃之间向右后方伸延;幽门部沿瓣胃后缘斜向背后方延接十二指肠。皱胃腹缘称为大弯，背缘称为小弯，小弯凹向上，与瓣胃接触，大弯凸向下，与腹腔底壁接触。皱胃壁由黏膜、黏膜下层、肌层和浆膜层组成。黏膜光滑柔软，在底部形成 12~14 片与皱胃长轴平行的螺旋形大皱褶，由此增加了黏膜的内表面积。黏膜上皮为单层柱状上皮，内含有大量腺体，因而黏膜层厚。根据黏膜位置、颜色和腺体的不同，可分为三个区域：贲门腺区、胃底腺区和幽门腺区。环绕瓣皱胃口的淡色区域，为贲门腺区，内含有贲门腺；近十二指肠的黄色区域，为幽门腺区，内含幽门腺，且幽门腺较长；在此两区之间有大皱褶的部分称为胃底腺区，呈灰红色，内有胃底腺，胃底腺较短且有较长的腺颈，其余结构似单室胃。

五、肠道

奶牛的肠道长度相当于其体长的 20 倍，几乎全部位于体中线的右侧，依托总肠系膜悬挂于腹腔顶壁，并在总肠系膜中盘曲，形成一个圆形肠盘，肠盘的中央为大肠，周围为小肠。犊牛的肠管占整个消化道的 70%~80%，远高于成年奶牛（30%~50%）。随着日龄的增长和日粮的改变，胃部的比例有所增大，而小肠所占比例却逐渐下降，大肠基本保持不变。

（一）小肠

小肠为细长而弯曲的管道，前端起于皱胃幽门，后端以回盲口止于盲肠。包括十二指肠、空肠和回肠 3 段，各段没有明显的界线。奶牛的十二指肠长约 1 m，位于右季肋部和腰部，在第 9~11 肋骨下端，位置较固定。十二指肠起始于幽门，向前上方伸延，以短的十二指肠系膜附着于结肠终端的外侧，在靠近肝脏的腹侧形成"乙"状弯曲，进而向后上方伸延，到右髋结节前方折转向左并向前形成后曲状，并由此继续向前延伸至右肾腹侧，移行为空肠，且十二指肠末段以十二指肠-结肠韧带与降结肠相连，常以此作为十二指肠与空肠的分界。空肠为小肠最长的一段，大部分位于右季肋区、右腹股沟区和右侧腹腔外区，形成许多肠圈，由短的空肠系膜悬挂于由结肠襻组成的结肠圆盘周围，形似花环，肠壁内淋巴结较大。其外侧和腹侧隔着大网膜与右侧腹壁相邻，背侧为大肠，前方为瓣胃和皱胃。奶牛回肠短而直，自空肠的最后肠圈起，在盲肠的腹侧几乎呈直线地向前上方延伸，开口于回盲口，以回盲口与盲肠相通，此处黏膜形成一个隆起的回肠乳头。在回肠和盲肠之间有一个三角形的回盲褶或回盲韧带连接，常作为回肠和空肠的分界标志。

（二）大肠

大肠分为盲肠、结肠和直肠，位于腹腔右侧和骨盆腔，前接回肠，后通肛门。大肠的结构与小肠基本相似，但肠腔宽大，管径比小肠略粗，无肠绒毛，黏膜表面平滑，黏膜内有排列整齐的大肠腺，其分泌物中不含消化酶，且肠壁不形成纵肌带和肠袋。奶牛盲肠长为 50~70 cm，直径约 12 cm，容积约 8 L，呈圆筒状，位于右腹外侧区。前端起自回盲结口，后端以盲端沿右腹壁向后伸至骨盆前口的右侧。背侧以短的盲结褶与结肠近袢相连，腹侧以回盲褶与回肠相连。盲肠在回肠口直接转为结肠，沿盲肠内侧有韧带附着，呈游离状态，可以移动。奶牛结肠较细，长 6~9 m，起始部的口径与盲肠相似，向后逐渐变细，结肠依托总肠系膜附着于腹腔顶壁。结肠可分为升结肠、横结肠和降结肠。升结肠特别长，又分为结肠近袢（结肠初袢）、结肠旋袢和结肠远袢（结肠终袢）。结肠近袢为结肠的前段，呈"乙"状弯曲，大部分位于右腹外侧区，在小肠和结肠旋袢的背侧，起自回盲结口，向前伸达第 12 肋骨下端附近，然后向上折转沿盲肠背侧向后伸达骨盆前口，又折转向前与十二指肠第二段平行伸达第 2~3 腰椎腹侧，并在此转为旋袢。结肠旋袢为结肠中段且最长，盘曲成圆形的结肠盘，位于瘤胃的右侧，夹于总肠系膜两层浆膜之间，又分为向心回和离心回。从右侧看，向心回在继近袢后以顺时针方向向内旋转 1.5 圈至中央曲，然后转为离心回，盘曲成一平面的圆盘状，称为结肠圆盘。离心回由中央曲以逆时针方向旋转 2 周至旋袢外周转为远袢。结肠远袢为结肠后段，也呈"乙"状弯曲，离开旋袢后，沿十二指肠第二段向后伸至骨盆前口附近，折转向前延伸，至最后胸椎的腹侧，从右侧绕过肠系膜前动脉，向左急转，此段较短的肠管为横结肠。横结肠很短，在最后胸椎的腹侧经肠系膜前动脉后方，由右侧折转向左，此肠管悬于短的横结肠系膜之下，其背部为胰腺。降结肠是横结肠沿肠系膜根和肠系膜前动脉的左侧向后行至盆腔前口的一段肠管。降结肠的肠系膜长，活动性较大，降结肠后部形成"S"形弯曲，此曲又称为"乙"状结肠。结肠远袢约在十二指肠末端位置转为直肠。直肠短而直，粗细较均匀，位于骨盆腔内，无明显的直肠壶腹，前 3/5 段被覆腹膜，为腹膜部，由直肠系膜悬于盆腔顶壁。其后部为腹膜外部，借疏松结缔组织和肌肉附着于骨盆腔周壁，常含有较多的脂肪。直肠前连结肠，后端变细形成肛管以肛门与外界相通。肛门为消化道末端的开口，在尾根腹侧，平时不向外凸出，呈凹入状。

第二节 奶牛瘤胃微生态与功能

一、瘤胃微生态的特点与功能

奶牛瘤胃可为其内微生物的活动及繁殖提供厌氧环境。正常情况下，瘤胃内有大量的有机物和水，pH 值介于 5.5~7.5，温度变化范围为 39~41℃，渗透压与血液相近，这为瘤胃内微生物的生长和活动提供了理想的环境。由于瘤胃内容物在微生物的作用下发酵并释放出热量，导致瘤胃内温度较体温高 1~2℃，并通过身体传导和呼吸及皮肤散热，保证瘤胃温度不致过高，且瘤胃内壁存在温觉感受器，导致瘤胃内温度对机体温度乃至整体生理功能的调节有一定影响。由于瘤胃内大量的微生物不断进行繁殖和活动，并通过对纤维物质的黏附作用和酶类的水解作用，使得奶牛能够消化青饲料和粗饲料中的纤维素和半纤维素等非淀粉多糖类物质，进而产生各种化合物利于机体消化吸收。瘤胃内拥有平衡的微生物区系，且瘤胃微生物之间存在协同关系，即一种微生物的代谢产物可以被其他微生物利用，不同微生物利用底物转化产生发酵产物的代谢活动间相互依赖，这使得微生物适应环境的能力大大加强，从而更好地维持瘤胃内环境的稳态。奶牛的瘤胃中主要寄居着大量的细菌和原虫，这些微生物共同构成用以发酵的瘤胃微生态环境。瘤胃内细菌的数量与饲料的种类、饲喂的制度、饲喂后取样的时间、季节及原虫存在与否密切相关，因此原虫对于瘤胃微生态与功能至关重要。瘤胃原虫主要为纤毛虫，少量为鞭毛虫。当犊牛瘤胃 pH 值接近中性时，鞭毛虫开始繁殖，然后出现纤毛虫。纤毛虫体长 40~200 μm，数量为每毫升 20 万~200 万个。瘤胃纤毛虫种类繁多，一般将其分成全毛目和内毛目两大类，其中厌氧性纤毛虫主要包括全毛虫科的均毛虫属和绒毛虫属，以及头毛虫科的两腰虫属、内腰虫属和头毛虫属，且以内腰虫属和两腰虫属数量最多，占纤毛虫总数的58%~98%，能分解纤维素的主要为两腰虫属。全毛虫体内有支链淀粉，其功能在于迅速同化可溶性糖，并将 80% 以上的糖以淀粉的形式贮存起来。全毛虫体内含有蔗糖酶和 α-淀粉酶等，能水解可溶性糖，并进一步产生乙酸、丁酸、乳酸及支链淀粉等，以提供机体能源物质。

二、影响纤毛虫种群的因素

(一) 日粮类型

日粮以放牧和干草为主时，由于富含可溶性糖类，全毛虫较多；饲喂"放牧+补草+补谷物"时，双毛虫数量较多；日粮以"苜蓿+甘草"为主时，头毛虫和纤毛虫数量较多；日粮淀粉含量高时，则内毛虫数量增多；日粮盐类水平高或饲喂亚麻仁油时，纤毛虫数量减少；饲料中添加尿素时，纤毛虫数量增加。

(二) 饲料加工

饲料颗粒化热加工后饲喂，纤毛虫的发育加快；饲喂粉碎性饲料时，饲料在瘤胃内周转较快，同时发酵增加，瘤胃内环境酸度升高，抑制纤毛虫的发育。

(三) 饲喂次数

每日饲喂 2 次时，纤毛虫数量适中；每日饲喂 3 次时，纤毛虫数量增多；每日饲喂 4 次时，纤毛虫数量增加 1 倍以上。

(四) 生理状况

饥饿时纤毛虫数量下降；妊娠和挤奶期间，纤毛虫数量增加，但细菌数量不受太大影响。

第三节　奶牛对营养物质的消化吸收

一、胃的消化

(一) 瘤-网胃的消化

由于瘤胃和网胃的内容物可以自由交换，且两者功能相似，没有明确的功能区分，故而又合称为瘤-网胃。反刍动物的瘤胃可被看作是一个供厌氧微生物繁殖的发酵罐，其在整个消化过程中起着重要作用。奶牛摄入的营养物质通过瘤胃中的微生物被降解为挥发性脂肪酸、肽类、氨基酸及氨等小分子物质，用于合成菌体蛋白及 B 族维生素等机体所需的营养物质。例如，碳水化合物在瘤胃中被降解为挥发性脂肪酸，其过程主要包括两步，首先复杂的碳水化合物被微生物分泌的酶水解为短链的低聚糖，随后低聚糖被瘤胃微生物摄取，在细胞内酶的作用下被迅速地降解为挥发性脂肪酸——乙酸、丙酸和丁酸，此过程中有能量释放，这些能量可被微生物作为直接能源以用于维持和生长需要，例如，菌体蛋白的合成。饲料中的蛋白质进入瘤胃，经微生物作用被降解为肽和氨基酸，其中多数氨基酸又进一步降解为有机酸、氨和二氧化碳。瘤胃液中的各种支链酸，大多是由支链氨基酸衍生而来。微生物降解所产生的氨与一些简单的肽类和游离氨基酸，又被用于合成菌体蛋白。此外，瘤胃降解生成的肽，除部分被用于合成菌体蛋白外，也可直接通过瘤胃壁或瓣胃壁吸收，尤其是分子量较小的二肽和三肽，未被微生物利用和直接吸收的肽则可在肠道被进一步消化吸收。脂类在瘤胃中的消化实质上是微生物的消化，其结果是脂类的质和量均发生明显的变化，例如，大部分不饱和脂肪酸经微生物作用变成饱和脂肪酸，必需脂肪酸减少，部分氢化的不饱和脂肪酸发生异构变化，脂类中的甘油被大量转化为挥发性脂肪酸，支链脂肪酸和奇数碳原子脂肪酸增加。因此，通过一定方法和手段对瘤胃消化进行调控可使营养物质的利用率和牧场经济效益有所提高。

（二）瓣胃的消化

瓣胃内容物的干物质含量大约为 22.6%，比瘤胃和网胃的水分少。到达瓣胃的食糜中超过 3 mm 的大颗粒不足 1%，因此瓣胃起"过滤器"作用，收缩时把饲料中较稀软的部分送入皱胃，而把粗糙部分截留在瓣叶间揉搓研磨，使较大的食糜颗粒变得更为细碎，为后段的继续消化做准备。瓣胃具有吸收功能，特别是在食糜被推送进皱胃之前，食糜中残存的挥发性脂肪酸和碳酸氢盐已被吸收，避免了对皱胃的不良影响，保证了皱胃消化功能的正常进行。

（三）皱胃的消化

皱胃的功能与单胃动物的胃相同，能分泌胃液，主要进行化学性消化。胃液是由胃腺分泌的无色透明的酸性液体，由水、盐酸、消化酶、黏蛋白和无机盐构成。盐酸由胃腺的壁细胞产生，其作用是激活胃蛋白酶原，并为胃蛋白酶提供所需要的酸性环境，使其变成有活性的胃蛋白酶，并使饲料中的蛋白质变性，进一步有利于胃蛋白酶的消化；杀灭进入皱胃的细菌和纤毛虫，有利于菌体蛋白的初步分解消化；进入小肠，促进胆汁和胰液的分泌，并有助于铁、钙等矿物质的吸收。胃液中的消化酶主要有胃蛋白酶和凝乳酶，胃蛋白酶在酸性环境下将蛋白质分解为肽和胨；凝乳酶主要存在于犊牛胃中，它能使乳汁凝固，延长乳汁在胃内停留的时间，以利于充分消化。黏蛋白呈弱碱性，覆盖于胃黏膜表面，有保护胃黏膜的作用。皱胃主要进行紧张性收缩和蠕动，有混合胃内容物、增加胃内压力和推动食糜后移的作用。其中蠕动方向是从胃底部朝向幽门部，在幽门部特别明显，常出现强烈的收缩波。随着幽门部的蠕动，胃内食糜不断地被送入十二指肠。

二、小肠的吸收

经胃消化后的液体食糜进入小肠，经过小肠的机械性消化和胰液、胆汁与小肠液的化学性消化作用，大部分营养物质被消化分解，并在小肠内被吸收。因此，小肠是重要的消化吸收部位。食糜进入小肠，刺激小肠壁的感受器，引起小肠运动。小肠运动是靠肠壁平滑肌的舒缩实现的，有蠕动、分节运动和钟摆运动三种形式，其生理作用是使食糜与消化液充分混合便于消化，以及使食糜紧贴肠黏膜便于吸收。此外，蠕动还有向后推进食糜的作用，有时为防止食糜过快地进入大肠，还会出现逆蠕动。

小肠是蛋白质的主要吸收部位，来自饲料的未降解蛋白质和菌体蛋白均在小肠消化吸收。小肠液是小肠黏膜内各种腺体的混合分泌物，一般呈无色或黄色，混浊呈碱性。小肠液中含有各种消化酶，如肠激酶、肠肽酶、肠脂肪酶和双糖分解酶（包括蔗糖酶、麦芽糖酶和乳糖酶）。进入小肠的食糜与胰液、胆汁和小肠内腺体分泌的消化液混合，并与多种酶和其他物质接触以进行多种反应。胰液是胰脏腺泡分泌的无色透明的碱性液体，由水、消化酶和少量无机盐组成，pH 值为 7.8~8.4。胰液中的消化酶包括胰蛋白分解酶、胰脂肪酶和胰淀粉酶。胰蛋白分解酶主要包括胰蛋白酶、糜蛋白酶和羧肽酶，刚分泌出来时都是不具活性的酶原，这些酶在肠内活化后可使蛋白质水解变为肽和氨基酸。胰蛋白酶原经催化或肠激酶的作用可转变为胰蛋白酶，糜蛋白酶和羧肽酶均可被胰蛋白酶活化。胰蛋白酶和糜蛋白酶共同作用，可分解蛋白质为多肽，羧肽酶则分解多肽为氨基酸。胰脂肪酶原在胆盐的作用下被活化，将脂肪分解为脂肪酸和甘油，是肠内消化脂肪的主要酶。胰淀粉酶在氯离子和其他无机离子的作用下被活化，可将淀粉分解为麦芽糖。胰液中还有一部分麦芽糖酶、蔗糖酶和乳糖酶等双糖酶，能将双糖分解为单糖。碳酸氢盐的主要作用是中和进入十二指肠的胃酸，使肠黏膜免受胃酸的侵蚀，也为小肠内多种消化酶活动提供了最适酸碱度。胆汁是由肝细胞分泌的具有强烈苦味的碱性液体，呈暗绿色。胆汁分泌出来后贮存于胆囊中，机体需要时胆囊内的胆汁经胆管，伴随胰腺分泌的胰液经胰腺管排入十二指肠内。从皱胃进入十二指肠的食糜由于残留胃液而酸度很高，当食糜经过十二指肠后，其强酸性被碱性胆汁中和。如果食糜不经过十二指肠内化学性质的改变，则小肠内的消化和吸收就不可能发生。胆汁由水、胆酸盐、胆色素、胆固醇、卵磷脂和无机盐等组成，其中有消化作用的是胆酸盐。胆酸盐的作用是活化胰脂肪酶原，增强胰脂肪酶的活性；降低脂肪滴的表面张力，将脂肪乳化为微滴，有利于脂肪的消化；与脂肪酸结合成水溶性复合物，促进脂肪酸的吸收；促进脂溶性维生素（维生素 A、维生素 D、维生素 E 和维生素 K)的吸收。因此，胆汁能帮助脂肪的消化吸收，对脂肪的消化吸收具有极其重要的意义。

三、大肠的消化

食糜经小肠消化吸收后，剩余部分进入大肠，盲肠肌肉复杂地旋转运动使其能够进行比较有规律地充盈和排空。由于大肠腺只能分泌少量碱性黏稠的消化液，不含消化酶，因此大肠的消化除依靠随食糜而来的小肠消化酶继续作用外，主要依赖于微生物消化。大肠由于蠕动缓慢，食糜停留时间较长，水分充足，温度和酸度适宜，使得大量的微生物在此生长和繁殖，例如，大肠杆菌和乳酸杆菌。这些微生物能发酵分解纤维素和蛋白质，产生大量的短链脂肪酸（乙酸、丙酸和丁酸）和气体。此外，大肠内的微生物还能合成 B 族维生素和维生素 K。然而奶牛对纤维素的消化分解主要在瘤胃内进行，大肠内的微生物消化作用远不如瘤胃，只能消化少量的纤维素，作为瘤胃消化的补充。短链脂肪酸被大肠吸收，作为能量物质利用，一切不能消化的饲料残渣、消化道的排泄物、微生物发酵腐败产物以及大部分有毒物质等，可在大肠内形成粪便，经直肠和肛门排出体外。

第三章 奶牛不同生长期饲养管理

第一节 犊牛饲养管理

一、新生犊牛的护理

当母牛出现明显分娩预兆时，应及时将母牛安置至产房。产房需提前消毒并将温度维持在15℃以上。新生犊牛的护理主要包括清洗黏液、剪断脐带并消毒。犊牛出生后要立即清理其鼻腔、口腔和周围的黏液，以防止犊牛吸入黏液而影响其呼吸和造成窒息。一旦犊牛吸入黏液，呼吸困难，可将犊牛倒立，轻拍胸部和背部，使其排出黏液。脐带应在距犊牛肚脐约10 cm处剪断，剪刀使用前务必严格消毒。脐带剪切的伤口也需消毒，通常用10%的碘酒进行消毒。犊牛出生后应记录体重、性别、身体状况等信息。

（一）环境卫生的控制

犊牛圈舍和运动场的环境卫生对预防犊牛疾病具有重要意义。要定期对犊牛圈舍进行清扫，包括地面、食槽、水槽等，保持圈舍的干净卫生，及时更换圈舍的垫草，尤其是已经潮湿或硬化的垫料；做好圈舍的通风工作，保证圈舍的空气质量。夏季要注意圈舍的防暑降温，温度应控制在27℃以内，此外还需做好驱赶蚊虫的工作。冬季要注意圈舍的保温，温度控制在10℃以上。养殖人员需要定期根据季节及当地疫情选择合适的消毒剂对圈舍内外进行消毒，杀灭圈舍的病原菌和寄生虫可有效预防犊牛疾病的发生。

（二）加强犊牛的运动

犊牛的运动对其健康生长尤其重要。犊牛在出生后8~10 d可开始进行适当的运动，随后逐渐增加运动时间。对于舍饲的犊牛，应保证其运动时间每日不低于2 h，这样不仅可以提高犊牛的采食量，也能增强犊牛的体质及抗病能力。对于放牧的犊牛，虽然犊牛的运动量足够，但是也要控制其运动时间，因为过度运动会消耗犊牛能量，可能会减缓犊牛生长发育（图3-1）。如果遇到恶劣天气，如刮风、下雨等，应尽量避免或减少犊牛的户外运动。

图3-1　犊牛

（图片来源：https://www.sohu.com/a/244970435_798508）

（三）犊牛疾病的防控

除了保持圈舍良好的环境卫生，良好的环境温度、湿度、通风以及消毒工作以外，可以根据当地疫病及养殖场的实际情况，制定相应的免疫程序，严格对犊牛进行免疫接种。细菌性和病毒性腹泻是犊牛出生 7 d 内常见的疾病，而且发病迅速，病死率高。对于该病的防治，可给犊牛接种流行性腹泻疫苗，从而使犊牛抗病能力提高，降低疾病的发生率。

（四）饲喂初乳

初乳含有丰富的营养物质，包括蛋白质、脂肪和维生素，是犊牛良好的营养来源。更重要的是犊牛可通过采食初乳，获得抗体，建立自身免疫系统，进而使犊牛对抗病原菌的能力增强，降低疾病的发生率。同时，初乳中大量的镁盐和磷酸盐还有利于犊牛排出胎粪。在犊牛出生后，应尽早饲喂初乳，最好在出生后 30 min 内保证犊牛吃到初乳，犊牛在出生 24 h 内还未吃到初乳，其抵抗力会大大下降，感染疾病的风险也会增加，严重时会引起犊牛的死亡。对于初乳的饲喂量，在犊牛第一次吃初乳时，应让其尽可能地多吃，在接下来的管理中按照体重的 17% 饲喂初乳，连续饲喂 7 d 左右，每天 4 次。如果母牛不能提供初乳，则可选择与该母牛产犊日期相近母牛的初乳来饲喂犊牛，也可选择冷冻初乳、人工初乳等来饲喂犊牛。

（五）及时补饲

对犊牛进行补饲，不仅可以给犊牛补充营养，而且可以促进犊牛消化系统的发育，尤其是瘤胃的发育，保证犊牛健康生长。一般情况下，犊牛生后 4~7 d 便可以开始对其进行补饲。应该诱导犊牛采食精料补充料，随着犊牛日龄的增加，可逐步增加精料。需要注意的是，精料中含有的主要物质应该易于发酵，发酵产生的挥发性脂肪酸有利于瘤胃乳头的发育。同时可在饲料中添加钙、磷等矿物质和维生素以有利于犊牛的生长。在犊牛出生 14 d 后，可让其自由采食一定的优质嫩草。另外，补饲精料和粗料，有利于犊牛瘤胃微生物菌群的建立，使犊牛健康生长。

（六）断奶

哺乳期时间较长虽然可以提高犊牛的日增重和断奶重，却不利于犊牛消化器官的生长发育，会对犊牛的生长性能带来一定的负面影响。一般情况下，犊牛精料采食量达到了 1.5~2.0 kg，且犊牛生长状况良好时便可进行断奶。在断奶后，要随时关注犊牛的健康状况，包括精神状态、采食量、日增重等。为尽量降低断奶应激，应为刚断奶的犊牛提供营养丰富和易于消化的饲料。

第二节　育成期奶牛饲养管理

犊牛 6 月龄后需由犊牛舍转入育成牛舍。育成期母牛由于没有妊娠，也不泌乳，而且不像犊牛那样容易患病。因此，育成母牛（图 3-2）的饲养管理往往得不到重视。育成期是母牛体尺和体重快速增加的时期，饲养管理不当会导致母牛体躯狭小、四肢细高，达不到培育的预期要求，从而影响以后的泌乳和利用年限。育成期良好的饲养管理可以充分补偿犊牛期受到的生长抑制。因此，从体形、泌乳和适应性的培育上，应高度重视育成期母牛的饲养管理。

图 3-2　育成牛

（图片来源：https://www.sohu.com/a/370483488_120048809）

一、育成母牛的生长发育特点

（一）体形变化

育成阶段，牛的头、腿、骨骼、肌肉等迅速增长，体形发生巨大变化，但不同月龄各部位的生长发育速度也不相同。6 月龄以内育成牛的增长速度在各个指标方面都相对较快，随着月龄的增长，体组织的增长呈缓慢递增的趋势。

（二）瘤胃快速发育

研究表明，初生犊牛的瘤胃容积只有 1.1 L，6 月龄时瘤胃容积可达 37.7 L，12 月龄时达到 69.8 L，18 月龄时则为 188.7 L，这意味着瘤胃的消化、吸收能力急剧增长。

二、育成母牛的饲养

育成母牛的性器官和第二性征发育很快，至 12 月龄已经达到性成熟。同时，消化系统特别是瘤网胃的体积迅速增大，到配种前瘤网胃的容积比 6 月龄增大 1 倍多，瘤网胃占总胃容积的比例接近成年奶牛。因此，要提供合理的饲养，既要保证饲料中含有足够的营养物质，以获得较高的日增重，又要具有一定的容积，以促进瘤网胃的发育。育成牛的营养需要和采食量随月龄的不同而变化。因此要根据需要，采取不同的措施。

（一）7~12月龄的饲养

7~12月龄是母牛生长速度最快的时期，尤其在6~9月龄时更是如此。此阶段母牛处于性成熟期，性器官和第二性征的发育很快，尤其是乳腺系统在体重达到150~300 kg时发育最快。体躯则在高度和长度方面急剧生长。此期前胃已相当发达，具有相当的容积和消化青饲料的能力，但还保证不了采食足够的青饲料来满足此期快速发育的营养需要。同时，消化器官本身也处于强烈的生长发育阶段，需要继续锻炼。因此，此期除供给优质牧草和青绿饲料外，还必须适当补充精料。精饲料的饲喂量主要根据粗饲料的质量确定，一般日粮中75%的干物质应来源于青粗饲料或青干草，25%来源于精饲料，日增重应达到700~800 g。中国荷斯坦牛12月龄的理想体重为300 kg，体高为115~120 cm。

在性成熟期的饲养应注意两点：一是控制饲料中能量饲料的含量，如果能量过高，则会导致母牛过肥，大量的脂肪沉积于乳房中，影响乳腺组织的发育和日后的泌乳量。二是控制饲料中低质粗饲料的用量，如果日粮中低质粗饲料用量过高，则有可能会导致瘤网胃的过度发育，但是营养供应不足，则会形成肚大、体矮的不良体形。

（二）12月龄至初次配种的饲养

此阶段育成母牛消化器官的容积进一步增大，消化器官发育接近成熟，消化能力日趋完善，可大量利用低质粗饲料。同时，母牛的相对生长速度放缓，但日增重仍要求高于800 g，以使母牛在14~15月龄达到成年体重的70%左右（即350~400 kg）。配种前的母牛没有妊娠和产奶负担，且利用粗饲料的能力大大提高。因此，只提供优质青粗饲料基本能满足其营养需要，只需少量补充精饲料。此期饲养的要点是保证适度的营养供给，营养过剩会导致母牛配种时体况过肥，易造成不孕或难产；营养过差会使母牛的生长发育受到抑制，发情延迟，15~16月龄仍无法达到配种体重，从而影响配种。配种前，中国荷斯坦牛的理想体重为350~400 kg，体高122~126 cm，胸围148~152 cm。12月龄至初次配种牛的精饲料参考配方为：玉米48%、豆饼15%、棉籽饼5%、麸皮22%、饲用酵母5%、食盐、碳酸氢钙、石粉各1%、添加剂2%。

三、育成母牛的管理

(一) 分群

生产中一般按断奶至 12 月龄、13~18 月龄、19~24 月龄进行分群，以便于饲养管理。育成牛除非体重差异过大，一般不重新分群，以减少频繁转群对牛造成的应激。如果原有群过小，则可将几个群合并，或将小群转入原有的育成牛群，但每个群体要求月龄相差不能超过 3 个月。

(二) 运动和刷拭

充足的运动对于维持育成母牛的健康发育和良好体形具有非常重要的作用。如果运动不足，容易形成体短、肉厚的肉用牛体形，这样会使奶牛的产奶量降低，而且利用年限缩短。舍饲育成母牛每头运动场地面积应在 15 m² 左右。每天运动不少于 2 h，育成母牛一般采用散养，除恶劣天气外，可终日在运动场内自由活动。同时，应在运动场设食槽和水槽，以供母牛自由采食青粗饲料和饮水。经常刷拭牛体既可以保持牛体清洁，促进血液循环和皮肤代谢，保证牛的健康成长，还可培养母牛养成温驯的性格，便于日后管理。因此，每天应刷拭牛体 1~2 次，每次不少于 5 min。

(三) 修蹄

育成母牛的生长速度比较快，蹄质又较软，且处于生命中旺盛的阶段，活泼好动，蹄部易磨损。因此，为了保证牛蹄的健康，从 10 月龄开始，每年春、秋季节各修蹄 1 次。

(四) 乳房按摩

乳房按摩主要是为了刺激乳腺更好地发育，为日后泌乳打好基础。专家建议，12 月龄以后的育成母牛可每天进行乳房按摩，每日 1 次，每次 10~15 min。按摩时要注意手法和温度，应用温热毛巾轻柔按摩，避免用力过猛而损伤乳房。

(五) 称重和体尺测量

作为评判育成母牛生长发育状况的依据，应定期对其进行称重和体尺测量。一般每月称重 1 次，于 12 月龄、16 月龄进行体尺测量，将数据详细记入母牛档案。一旦发现异常，应及时查明原因，并采取相应措施进行调整。

(六) 适时配种

适时配种对于延长母牛利用年限、增加泌乳量和提高经济效益非常重要。按照传统的做法，奶牛的初次配种时间为 16~18 月龄，但随着饲养条件和管理水平的改善，育成母牛 13~14 月龄体重即可达到成年体重的 70%，可以进行配种。这将大大提高奶牛的终生产奶量，进而增加养殖场的经济效益。

第三节　围产期奶牛饲养管理

奶牛的围产期指产前 21 d 到产后 21 d，产前 21 d 为围产前期，产后 21 d 为围产后期。奶牛围产期是整个生产周期中最关键的时期（图 3-3）。围产期奶牛的饲养管理，对于奶牛的泌乳能力、繁殖力和生产年限有着十分重要的意义。围产期的奶牛饲养管理不到位，就容易出现消化不良、代谢紊乱、酮病、胎衣不下、乳腺炎等多种疾病，影响产奶量和牛奶质量，严重的还会造成母牛和胎儿的死亡。做好围产期奶牛的饲养管理是规模化牧场奶牛饲养管理过程中极为重要的一个生产环节。

图 3-3　围产期奶牛

（图片来源：https://www.sn5.com.cn/yangzhi/yangniu/20683.html）

一、围产前期饲养管理要点

奶牛在干奶期主要以粗饲料为主，而产后要迅速转换为高精料日粮，要想顺利在围产前期完成这一阶段过渡，瘤胃乳头必须在围产前期这一阶段恢复，如果在产犊后瘤胃乳头没有恢复，挥发性脂肪酸无法有效吸收，就会有酸中毒的风险。

（一）营养需求

围产前期，胎儿发育速度加快，母牛还要为分娩、泌乳做生理准备，奶牛的营养需求量增加，同时这一阶段较干奶期采食量有所降低，所以围产前期需要提高日粮营养水平，主要是指日粮能量和蛋白质水平，不仅要考虑母牛自身的营养需要，还要顾及胎儿的生长需求，如果蛋白质供给不足，会增加奶牛发生酮病的概率。同时要在日粮中增加非纤维性碳水化合物，以利于合成蛋白质。

日粮能量、蛋白质不足时，奶牛身体虚弱，再加上分娩应激，无力排出胎衣，会造成胎衣不下。对于体况偏肥或有酮病史的奶牛，可在日粮中添加6~12 g的烟酸，起到降低酮病和脂肪肝发病率的作用。在做奶牛围产期配方时，要减少阳离子的使用量，多使用低钾粗饲料，例如优质的燕麦草，少量添加盐，减少钠离子。苜蓿和一些豆科牧草、禾本科牧草含钾量都比较高，而玉米积聚钾的能力比较低，所以可以在日粮中使用玉米青贮。饲草一定要提前预处理到5 cm以下，避免挑食，增加围产期奶牛的采食量。围产前期的干物质采食量与围产后期的采食量呈正相关的关系。为了预防低血钙症，要调整日粮中钙含量和磷含量，低血镁症也是促使低血钙发生的一个重要因素，所以在产前应保证日粮中镁含量在标准水平以上。为了让奶牛能够顺利地转变日粮结构，通常情况下，产前和产后所用饲料原料品类应尽量保持一致，从而促使微生物菌群尽早建立，减少产后应激。

（二）饲养管理要点

1. 分群管理

应加强关注围产前期奶牛的健康状况，注意其采食、精神各方面，要单独组群饲养，饲喂围产期日粮。有条件的情况下建议将头胎牛与经产牛分开饲养，要根据奶牛体况制订饲喂方案和调配饲料，保证奶牛在整个干奶阶段体况评分维持在3.0~3.25分，最高不要超过3.5分。经产牛最少需要在围产圈内待3周，青年牛最少需要4周时间的恢复，奶牛的怀孕天数一般为280 d，10%的奶牛会提前几天产犊，双胎可能会更早。所以，为了保证在围产圈待足够的时间，可以设定每周转群一次，转群天数设为经产牛怀孕252~258 d，青年牛怀孕245~251 d，保证大多数的奶牛都能在围产圈停留超过21 d。同时加强巡舍，及时发现临产奶牛并将其转入产房待产。如果条件允许，临产前 7 d 的奶牛可转入产房进行管理。

2. 饲养管理

要提高奶牛干物质采食量，不用适口性差的饲料。要严格管控饲料质量，不喂发霉变质的饲料。奶牛饮水要充足、清洁，冬季供给温水。围产前期奶牛饲养密度不应超过 80%。

3. 环境管理

围产前期奶牛生活环境应干净、干燥、舒适，要定期更换垫料，每天对卧床和采食通道进行消毒，定期对运动场进行整理和消毒。产前 7 d，每天用 2%~3% 来苏尔溶液或其他消毒液对奶牛后躯及外阴部进行擦洗消毒并对奶牛乳头进行药浴，预防乳腺炎发生。产前统一修剪牛尾，减少疾病传播。在夏季，围产期奶牛一样也会发生热应激，一旦热应激严重，会导致产后疾病的发生，且影响胎儿的发育。所以，在暑期要利用风扇喷淋给围产圈和产房降温，减少热应激带来的严重影响。

二、围产后期饲养管理要点

奶牛在围产后期的饲喂由高粗料日粮转换为高精料日粮，同时由于生产应激，且要面对产奶量的增加，所以，在产后要将最优质的饲料原料供给新产牛。

(一) 营养需求

产后奶牛产奶量快速增加，但干物质采食量尚未恢复，应提高日粮营养浓度，满足较低采食量下奶牛的营养需要，降低产后能量负平衡水平。可在奶牛日粮中添加适量过瘤胃脂肪，缓解产后能量负平衡导致的体况损失。分泌初乳和大量泌乳会消耗大量的钙，奶牛产犊后易发生低血钙症，引起产褥热、胎衣不下等疾病。所以产犊后应及时灌服营养液，灌服液中应含有大量钙、维生素、微量元素、能量及电解质等营养物质，以满足奶牛的营养需要，并能提高机体免疫力，降低产后疾病的发生率。调整新产牛日粮中钙的水平，日粮干物质中钙含量应达到 0.7%~0.8%，钙磷比约为 1.5∶1。泌乳早期奶牛理想的体况评分应为 2.5~3.25 分。如果奶牛产前体况高于 3.5 分，产后会出现能量负平衡严重、干物质采食量低、酮病、真胃移位、脂肪肝等一系列的问题。能量负平衡严重的奶牛需要花更长的时间来恢复发情周期，并且在发情周期开始时孕酮水平较低，配种时受胎率也相应下降。在泌乳初期体况损失应控制在 0.5 分以下，体况损失越小的牛受胎率越高，体况评分变化越小，配种受胎率越高。

(二) 饲养管理要点

1. 产后监控

要重点关注体温、泌乳、粪便、胎衣排出等情况。产后奶牛要每天进行一次体温监测，持续 10 d。体温出现异常时，应及时查找原因并妥善处置。每日检查新产牛的产奶量和牛奶状况，泌乳量以每日约 5% 的比例上升，则奶牛健康状况良好。每日观察新产牛的粪便形状，粪便稀薄、发灰、恶臭则说明奶牛瘤胃可能出现异常，此时应适当减少精饲料喂量，提高优质粗饲料用量，严重的应及时治疗。每天观察胎衣和恶露的排出状况，及时将奶牛排出的恶露清理干净并用 1%~2% 的来苏尔消毒新产牛的臀部、尾根、外阴、乳头等部位。如果产后几天只能观察到稠密的透明状分泌物而不见暗红色的液态恶露就应及时治疗。分娩后 12 h 胎衣仍未排出即可视为胎衣不下，需进行相应治疗。此外，还应观察奶牛的外阴、乳房、乳头是否有损伤，是否有发生产褥热的征兆等。

2. 挤奶管理

新产牛的乳房水肿严重，若不及时将牛奶挤净会加剧乳房胀痛，抑制泌乳能力，同时也会影响奶牛的休息与采食。新产牛若不挤净牛奶会引发临床型乳腺炎。所以除难产牛、体质极度虚弱的牛及高胎次奶牛外，应每天挤奶 3 次。

3. 分群饲养管理

头胎牛在经历了分娩、泌乳之后，应激远超过经产牛，且头胎牛体型较小，在群内容易被欺负，所以产后头胎牛和经产牛在这一胎次内都要分开饲养。新产牛饲养密度不应超过 80%。新产牛阶段若奶牛健康状况良好，产后 21 d 即可转入泌乳牛群饲养。

4. 环境管理

新产牛卧床要求每日增添垫料，保证卧床平整、舒适。每天对卧床和采食通道进行消毒，舍内胎衣等及时清理，减少疾病传播。

第四节　泌乳期奶牛饲养管理

奶牛在经历产犊之后进入泌乳期 (图 3-4)，通常会持续 280~320 d，国际标准定为 305 d。实际生产中会根据奶牛的泌乳规律，将泌乳周期分为 4 个阶段，分别为泌乳前期、泌乳盛期、泌乳中期和泌乳后期。泌乳期时间的长短会因奶牛品种、胎次、年龄、产犊季节和饲养管理条件的不同而存在差异。其中，牧场的饲养管理条件对奶牛的产奶量和再次发情有明显而直接的影响，此外也会对奶牛以后的产奶量和使用年限造成影响。

图 3-4　泌乳期奶牛

（图片来源：https://zhidao.baidu.com/question/97604315.html）

一、不同泌乳阶段的饲养管理

（一）泌乳前期

奶牛产犊后 10~20 d 即为泌乳前期也称为泌乳初期。奶牛在分娩后因消耗机体内大量营养，因而处于非常虚弱的状态，消化能力较差，生殖器官也尚未完全恢复，乳房仍然处于水肿状态，乳腺及循环系统的功能也没有恢复正常，但此时奶牛的产奶量却逐渐上升，引起产奶量与奶牛体质不适应的情况。因此，应在奶牛生产后 3~5 d 严格控制挤奶量和挤奶次数，否则容易造成奶牛体内钙大量损失而发生产后瘫痪。生产后 2 d 给奶牛仅供应少量以麦麸为主的混合精料和优质干草即可，产后 3 d 开始可适当增加青贮饲料或多汁饲料的供应量，同时配合增加 0.5~1.5 kg 精料。待生产奶牛的采食能力恢复正常，同时乳房水肿状况完全消退之后，饲料投喂量方可恢复正常。泌乳前期奶牛应采食易消化吸收且适口性较好的饲料，每天供给奶牛 35~38℃的温水饮用，以后的饮水温度可以逐渐降低。

（二）泌乳盛期

在奶牛泌乳的全部时期中泌乳盛期最为重要，产量占据了整个泌乳期的50%，因此此时需要确保奶牛的营养充足。奶牛在产后 15 d 左右，乳房完全没有水肿，变软而恢复正常，此时产道也得到彻底的恢复，这时就可以提高奶牛饲料的投喂量，以有效促使泌乳高峰期的到来。泌乳盛期通常会持续2~3 个月，属于奶牛产奶比较关键的时间段，所以此时应该给奶牛营造相对稳定且良好的饲养环境，最大限度地发挥奶牛的生产潜力，延长泌乳高峰的持续时间，保证实现稳产且高产的生产目标。产奶量上升较快是奶牛产后泌乳盛期最大的特征，通常在 50~80 d 内就能达到泌乳的最高峰，且整个环节中的代谢情况、脉搏以及呼吸都超出正常范围。不容忽视的是，如果奶牛的食欲较低，则会消耗体储脂肪作为供应产奶的能量支持。

处于泌乳盛期的奶牛应采食优质的粗饲料和高能量、高蛋白的精料。但是此时不能给奶牛饲喂含水量大的青草、青饲玉米和其他多汁饲料及糟渣类等，避免影响奶牛的采食量，进而影响其泌乳量。同时还要保证做到少给勤添的原则。饲养管理活动进行中，尽可能喂养奶牛高能量粗饲料，注重选择品质优良的干草、玉米青贮料以及半干青贮料，不断提升奶牛的采食量，避免体重下降的情况。目前，我国奶牛饲养过程中通常会对处于泌乳盛期的奶牛采取引导饲养法，可在短时间内有效提高奶牛的产奶量，主要是在此阶段通过采食高能量饲料而降低酮病的发生，同时提高产奶量并且维持适宜的体重。精饲料的供应基本保持稳定，度过泌乳盛期再根据实际情况进行合理的调整。引导饲养法主要是必须保证供应给奶牛充足的优质饲草，并且任其自由采食，同时要确保奶牛饮水充足，可以有效地降低消化系统疾病的发生。奶牛在产犊之前要对其瘤胃微生物进行适当的调整，以其能够更好地适应高精饲料的摄入，保证奶牛在生产之前体贮充足，以迎接产奶高峰期的到来，此外还应重视干乳期奶牛对精饲料的采食欲望和适应能力。

在泌乳盛期，规模化养殖场要注重开展统一的管理活动，着重选择优质粗饲料和高能量高蛋白的精料，其中精料要占据精粗料的 50%~65%，而粗蛋白质占比也需要达到 16%~18%。精料占据较大比例，为达到有效预防前胃弛缓、瘤胃臌气等前胃疾病或者酸中毒的目的，需要将 100~150 g 碳酸氢钠和 50~60 g 氧化镁投入奶牛的日粮中，以调节奶牛瘤胃 pH 值，使其保持良好的稳定性，保证瘤胃的正常机能。同时，养殖管理过程中，还要每日给奶牛补充 115~134 g 磷元素、175~205 g 钙元素，为奶牛机体正常代谢提供良好的支持。

（三）泌乳中期

奶牛产后101~200 d属于泌乳中期，这个时间段应该将饲养重点放在延长泌乳高峰时间方面，以确保可以获得较高的产奶量。在奶牛分娩之后的140~150 d，即进入泌乳的相对稳定阶段，这个阶段通常会持续50~60 d。但在奶牛分娩后182 d，泌乳量会呈现逐渐下降的状态，多是按照上月奶量的46%下降。此阶段奶牛体内的大部分能量都会继续用于泌乳所需，另外一部分能量则会贮存在机体内用以增加体重所需。所以在泌乳中期应根据奶牛的实际体重、产奶量和乳脂率的不同情况而采用平衡饲养的模式，但是也不适合采用高标准的饲养要求。此阶段奶牛适宜采食全价的混合饲料，同时在实际生产中应根据具体的产奶量，逐渐将精料量减少。奶牛每天摄入精饲料的量，以10 d为间隔，根据奶牛实际体重和产奶量加以合理调整。此外要保证奶牛干草的采食量，在适宜的范围内将青贮和多汁饲料的供应量降低。在经过饲养高峰期之后，根据奶牛的实际产奶量和体重，调整好每日精料饲喂量，如果奶牛存在体重下降过多的情况，需要适当增加精料的饲喂量。每隔10 d调整一次精料饲喂量能够得到良好的饲养效果。奶牛在泌乳中期食欲最佳，应按照奶牛体重的3.5%饲喂干物质，此时应尽量增加奶牛的饲喂量，避免出现奶牛体重持续下降的情况。

（四）泌乳后期

奶牛分娩后201~305 d属于泌乳后期，此时胎儿发育较快，同时奶牛增重也加快，因此需要大量的营养摄入。此时供给奶牛的饲料主要以粗饲料为主，而多汁饲料相应减少，同时应合理提高精料比例，实际生产中主要通过添加胡萝卜和矿物质实现。良好的饲养管理是保证奶牛正常生长和发育、提高奶牛产奶量的重要手段，对于规模化养殖场来说，要注重选择高质量的饲养管理方式，以掌控好泌乳期的饲养效果。随着泌乳后期的到来，奶牛会消耗大量的营养物质。此阶段饲养管理过程中，主要采用粗饲料，适当增添精料，避免多汁饲料的过多饲喂，还要注重饲喂一定量的胡萝卜和矿物质饲料，给奶牛提供充足的营养物质。坚决禁止给奶牛饲喂发霉变质以及冰冻的饲料，避免给奶牛造成不良影响。

二、强化综合管理

严控奶牛挤奶时间，高产奶牛每日可挤奶3次，低产奶牛可挤奶2次。在挤奶时挤奶人员要熟练掌握挤奶技术，这对于提高奶牛产奶量以及维持奶牛乳房健康非常重要。挤奶包括人工挤奶和机器挤奶，无论采用何种方式都要注意对乳房的护理工作，要保证良好的挤奶环境，避免奶牛因惊吓而导致产奶量下降。在每次挤奶时要将最初 25~50 mL 的奶弃掉，因其中含有较多细菌。在挤奶前要用 45℃ 的温水清洗乳房，并进行按摩，可促进奶牛排乳。挤完奶后要将乳房擦拭干净，并对乳头进行药浴消毒。

保证奶牛适当的运动，能促进奶牛身体健康，提升奶牛食欲，从而提高奶牛的产奶量。一般要求每天运动 2~3 h 为宜。做好刷拭牛体工作，将牛体的污垢清除，可以促进奶牛血液循环，提高产奶量。一般采用干刷的方式进行，如果夏季防暑降温可以带水刷拭，按照奶牛头颈前、中、后、四肢和蹄部的顺序进行刷拭。每日刷拭牛体 2~3 次。加强对奶牛饲槽管理，保持饲槽干燥和清洁，在饲喂后需要及时将饲槽洗刷干净，避免其中有水分残留，可大大降低奶牛胃肠疾病的发生。另外奶牛每年都要修蹄 2 次，以防止发生肢蹄病，影响生产性能。还要定期对蹄部进行药浴，以预防蹄叶炎的发生，尤其是在舍饲条件下，修蹄对维持奶牛健康及生产性能具有重要意义。

第四章 健康养殖的新型牛场设施

近年来，我国奶牛养殖方式发生了巨大变化，随着奶牛存栏规模及单产水平的提高，奶牛场管理要求也随之提高，再加上近年来劳动力成本不断上涨，牧场机械化、信息化、智能化技术应用逐渐普及。

2019 年河北省投入省级财政资金将近 1 亿元支持存栏 300 头以上的奶牛养殖场购置信息化设备、应用软件及相关设施，包括挤奶自动计量及奶量自动读取、奶牛发情自动提示、TMR 自动监控、环境（温度、湿度等）自动监测等。牧场可实现牛群结构动态管理、TMR 精准饲喂监控、奶厅挤奶数据自动统计、生鲜乳收购及运输过程监管等功能，从而第一时间为牧场运营管理提供数据支持。

通过信息化奶业云平台等新型牛场设备，可以实时获取奶牛存栏、生鲜乳生产量、生鲜乳出售量、生鲜乳价格、生鲜乳指标等数据，为企业、政府、消费者提供多维度服务，从而更好地保障生鲜乳高效生产和质量安全。

第一节 环境监控设备

一、奶牛快速自动测温设备

体温是机体重要的生理指标，简便、准确、有效地监测牛体温变化，不仅有助于准确地进行奶牛发情鉴定、妊娠诊断及分娩时间预测，还可积极有效地进行疫病监测、预防及控制。然而，大部分牛场目前依然采用水银体温计进行直肠测温，该方法测温效率低下，且不能准确实时获取每头牛的体温数据，需要的人力也较多，耗时费力，远远不能满足现代规模化牧场的管理需要。

国内外对奶牛体温自动检测设备进行了相关研究，部分设备实现了奶牛体表温度的自动检测，但往往存在传感器精度不能满足体表测温要求、传感器固定位置不稳定、通讯距离过短、模块体积大小不合适和系统不稳定等问题。

目前国内有基于 NRF51822 型处理器设计奶牛体表温度自动检测系统，针对尚无快速检测牛体表温度技术的产业实际，该设备利用无线射频技术和接触式温度传感技术开发了一套奶牛体表温度自动采集系统，采用 ADT7320 接触式温度传感器紧贴牛后腿脚腕部皮肤，部分隔绝了外界环境温度影响的同时，有效避免了上述诸多问题。

整套系统框架如图 4-1 所示，系统由上位机系统、数据采集装置、数据检测装置 3 部分组成（蔡勇，2015），有希望实现奶牛场奶牛个体体表温度 24 h 全天候自动检测，该系统经调试、改进后稳定性增加，达到了体表温度自动采集要求；同时，通过比较尾根内侧、颈部和后腿蹄腕部 3 个不同部位的测定效果，建立了后腿蹄腕部固定体表的测温技术。

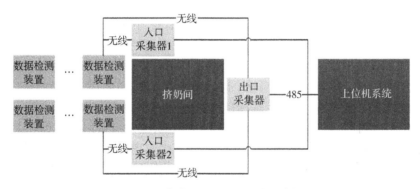

图 4-1　奶牛体温自动采集系统总体框架

二、智能化体温连续远程监测及预警技术

2012 年，南京稻盛弘网络科技有限公司发明了视频与射频双频融合以及视频、射频、音频三频融合监测技术，同时研发了基于自组网的智能化体温连续远程监测及预警平台，将无线测温与互联网、云计算技术相结合，实现了温度检测与分析的远程操作，大大提高了检测的便捷性，成为规模养殖和疫病预警平台的技术基础。

2016 年，国外第一款奶牛智能耳标"酷经理"进入我国市场。"酷经理"具备发情监测、反刍监测、耳廓温度监测等功能，可以通过监测奶牛耳廓温度变化，预警动物健康状况。

2014—2017 年，南京稻盛弘网络科技有限公司开发的瘤胃体温监测器、母畜阴道体温监测器、尾静脉体温监测器、高精度耳部无线体温发射器等陆续研发成功，并在美国堪萨斯州立大学中美兽医中心使用，表明平台不受时间与空间限制，可进行大规模奶牛体温监控。

三、基于 AI 和群体热成像的奶牛行为分析技术

通过可见光与红外成像设备，监视记录对象的行为与温度特征，通过现场视频数据与计算机经验值比对，筛查行为异常与温度异常对象。东南大学移动通信国家重点实验室及中国科学院半导体研究所都研究了非接触式红外测温系统，采用图像识别及机器学习算法，并结合射频识别技术，确定每个待测目标的身份。在以上基础上，采集红外热像仪测温数据，实现了集测温、目标识别及身份识别为一体的测温系统。

该系统包括红外热像仪、自然光摄像头、可转动的云台以及数据处理和控制系统。对于养殖场动物的体温测量，还需要利用射频识别技术，以便记录每个个体的体温状况。利用温度校准模块进行温度标定校准。

以测试养殖场的动物为例，系统的工作流程如下：首先在养殖场的上方安置云台，确保能够全面覆盖整个区域。云台上安装红外热像仪和分辨率较高的自然光摄像头，作为辅助识别工具。射频识别标签能够作为动物身份的识别标志，在测温的同时，一旦发现个体体温异常，便可记录下动物的身份信息。由于红外热像仪在使用过程中，会发生温度漂移，因此隔一段时间后，要对红外热像仪进行校准，以保证温度的准确性。

最后是数据处理和控制系统，包括云台控制、温度区域检测、图像识别、拍摄录像等功能。多种热红外图像特征的提取和强化方法，如基于个体绝对温度、温差、时序温度变化等，为准确预警奠定了基础。

四、基于物联网的牛场环境检测技术

将物联网技术应用于奶牛场养殖、管理可以提高奶牛场管理效率，提升奶牛养殖效益，是当前奶牛养殖、奶业生产的重要发展方向。具体体现在，物联网技术可贯穿于奶牛养殖、奶业生产、贮运、物流、销售各个环节，构建有效的监控体系，推动奶牛养殖、奶业生产、供应全过程实现自动化信息采集、管理和决策，保证奶牛和奶产品的可追溯性和可追踪性，有助于随时发现问题隐患，及时化解整个过程中养殖、生产、消费等环节的潜在风险。

现有的奶牛场物联网系统由虚拟仪器开发平台 Lab Windows/CVI 2012

与 IAR 嵌入式系统开发工具开发，能够测定奶牛场温度、湿度及氨气含量。

奶牛场物联网系统硬件组成如图 4-2 所示（霍晓静，2014），主要由以下几部分组成：①传感器。温湿度传感器型号为 SHT11，氨气含量传感器型号为 AP-M-NH$_3$，奶牛运动量传感器型号为 MMA7361；②个人计算机。I3CPU，双核 1.7 G，Win7 系统；③系统软件。对奶牛场信息进行数据采集、数据运算，具备数据保存、结果显示等功能。

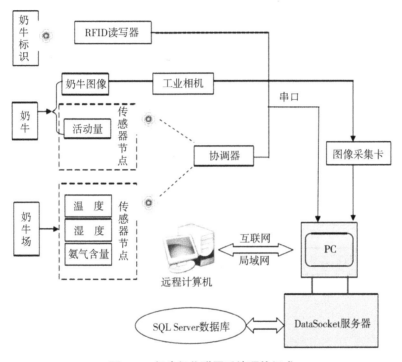

图 4-2　奶牛场物联网系统硬件组成

五、基于物联网的奶牛体温检测技术

ZigBee 技术是一种短距离、低复杂度、低功耗、低数据速率的双向无线通信技术，适合在短距离、低功耗和低传输速率要求的情况下使用。因此，ZigBee 技术可以应用于奶牛场近距离的无线传感器网络，ZigBee 无线传感器网络技术的奶牛体温监测系统可以实现奶牛体温信息数据的监测。

奶牛体温检测模块结构如图 4-3 所示（于啸，2016），奶牛体温监测模块的硬件结构采用 CC2430 处理器，可以通过 GPRS 网络数据终端实现监控中心终端对奶牛体温数据的监测。在温度监测模块的工作过程中，系统能够完成温度数据的采集工作，通过多个温度传感器的相互配合实现数据的采集。

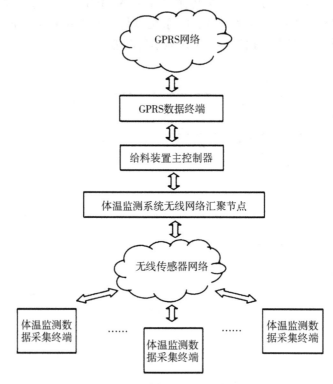

图4-3 奶牛体温监测模块结构

通过这种方式组网，系统具有动态特性。系统对每头奶牛体温监测信息进行采集和处理，将采集的奶牛体温数据发送到汇聚节点模块进行温度监测。

第二节 饲喂设备

一、撒料及推草机器人

传统牛场设备中精料撒料设备以及推草设备都需要耗费大量的人力物

力，而且两项工作不能同时进行。根据我国现代奶牛养殖场环境复杂、劳动力缺乏等特点，突破传统牛场推草机器人的功能限制，集精料撒料与推草于一体，以机电一体化、信息化、智能化为出发点，研究人员研制开发了具有降低人工工作量、提高饲喂效率的牛场精料撒料及推草机器人。

精料撒料及推草机器人采用信息化、智能化技术，在现有 TMR 饲喂技术基础上，将单片机智能控制和机电一体化相结合，可同时完成精料混合、自主推草、精准补料等多项作业。该设备具备精料撒料装置，可将多种精饲料均匀混合，同时配备推草装置以实现精准高效推草。为保证高效的推草效率，牛场精料撒料及推草机器人应按照规定路线前进，配备磁性寻迹线，进行自主寻迹。为避免设备发生碰撞，应配备相应的红外避障系统和柔性防撞装置。机器人应配备深度信息检测装置，便于对草料的体积变化做出精准判断，同时还要相应地配备无线传输模块，可以远程操控该机器人。

牛场精料撒料及推草机器人由精料撒料装置、行走装置、推草装置和控制装置 4 部分组成，结构如图 4-4 所示（袁玉昊等，2020）。

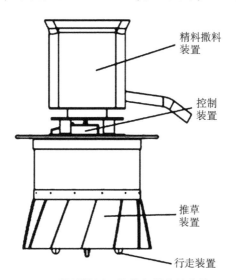

精料撒料装置

控制装置

推草装置

行走装置

图 4-4 精料撒料及推草机器人结构简图

机器人工作时，将奶牛所需精饲料放入顶部的精料撒料装置中，由内部搅龙混合均匀，节省了单独混合饲料的时间，电动推杆通过推拉挡板控制出料口的打开与关闭，机器人在推草的过程中，饲料便可撒落到草料之中；精料撒料及推草机器人的最大工作高度为 750 mm，可满足大部分牛场的需要；

其基于多传感器的深度信息检测使得机器人更具智能化，可实现自主调整推草转速、精准撒料、均匀撒料的功能，达到了更高的推草效率和饲喂效率；精料撒料及推草机器人由遥控器远程控制，其工作状态均可在计算机终端显示，可随时判断其运行状况。

二、自走式奶牛精确饲喂装备

自走式奶牛精确饲喂装备是基于射频识别技术，以计算机为信息管理平台，以单片机为控制平台，利用无线传输技术进行数据传输的双模自走式奶牛精确饲喂装备，实现了饲喂装备的双模行进、个体牛只饲喂信息无线传输以及精确饲喂。

自走式智能化奶牛饲喂装备主要由机械系统、控制系统组成。机械系统包括料仓、三螺旋输料装置、行走装置及机架等；控制系统包括无线射频识别系统、无线传输系统、信息管理系统等。

在每日饲喂前，牛场奶厅控制计算机会调用奶牛的生理特征数据，利用编写好的奶牛精确饲喂软件对前一日的奶牛生理特征数据进行计算，并将计算好的饲喂数据和奶牛标签号一并通过无线传输发送至精确饲喂装备控制系统存储器中。

操作人员应首先拨动奶牛精确饲喂装备行进电动机控制开关，将饲喂装备调整至人工控制状态，该状态下饲喂装备和普通电瓶车一样可以在牛场间自主行走，待人工操纵饲喂装备行进至牛场料塔处进行加料。

加料完成后，将饲喂装备行驶至奶牛待饲圈舍，拨动饲喂装备行进电动机控制开关，将饲喂装备调至自动控制状态。饲喂装备开始自动行进，当饲喂装备沿饲槽自动行进至奶牛饲喂区域时，系统通过佩戴在牛耳上的牛耳标实现个体牛只的自动识别，并控制饲喂装备停止前进，此时将识别到的牛耳标号通过串口传送到单片机中，单片机将识别到的耳标号和存储器中的标签号进行比对，找到对应卡号后，调用奶牛饲喂数据，启动螺旋输料装置，把奶牛所需的精饲料投放到基础料上。

个体牛只投料结束后，饲喂装备继续前进，进行下一头奶牛的识别、定位及饲喂，整个圈舍饲喂结束后，将装备调整至人工控制状态，由工作人员将装备停至机具停放间，装备饲喂流程如图4-5所示（蒙贺伟，2013）。

饲喂试验表明，该技术可显著提高奶牛产奶性能，个体奶牛平均日产奶量提高3.0 kg，平均蛋白质质量分数为3.1%~3.3%。

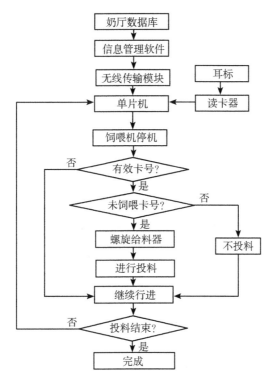

图4-5　自走式奶牛精确饲喂装备饲喂流程

第三节　饲料加工设备

一、TMR 智能饲喂系统

TMR 智能饲喂系统能够提高理论配方、搅拌配方和采食配方 3 个配方的一致性，减少加料误差、撒料误差和剩料率，实现奶牛饲喂的智能化管理，在牧场的应用日益广泛。

按照功能的不同，称重显示系统可分为几个不同的级别，即简单称重控制系统、可编程称重控制系统和数据传输编程控制系统。

简单称重控制系统通常是在 TMR 搅拌机（固定式）上安装称重系统，能够将所加物料进行准确称重，并将重量显示于显示屏；同时，系统具有报警功能，可以根据需要对装料卸料进行报警设置。TMR 配制好后，手动设置好输送量，通过传输带将配制好的饲料输送到 TMR 饲喂车上，运至牛舍饲喂。

可编程称重控制系统除了能对饲料配制时的物料添加进行称重显示，同时可以设置卸料方案，通过对原料使用和成品卸载的记录，能够使生产监控更为有效。

数据传输编程控制系统除了能对配料、卸料进行监控，还能与牧场管理软件进行对接，实现对牛群每次、每天实际 TMR 投放量的准确监控，分析奶牛实际营养状况，并通过挤奶厅提供的牛群生产数据，调整饲料配方，使称重系统提供更符合牛群实际营养需要的 TMR。

二、基于物联网的奶牛精量饲喂控制系统

奶牛精量饲喂控制系统可以通过下料装置定量投放给相应的由识别模块所识别的奶牛个体，并且由奶牛个体信息控制饲喂策略。

当前比较常见的下料装置主要有带式下料、电磁振动下料、螺旋下料、叶轮下料、刮板下料等。其中螺旋下料机是一种无挠性牵引构件的连续下料机械，工作原理是当转轴转动时，从下料口加入的下料，受到螺旋叶片法向推力的作用，在叶片法向推力的轴向分力作用下，实现下料沿着料槽轴向移动。

由于螺旋下料机具有结构简单和工作可靠等优点，而且在实际生产应用中易于变频调速，通过对电动机的选用和控制，可以实现准确控制下料，所以比较适合在奶牛养殖场中应用。

奶牛精量饲喂控制系统的下料系统装置结构如图 4-6 所示（于啸，2016），装置一般包括电动机、料仓、输送槽、螺旋叶片、下料门、称量料斗、螺旋轴等几部分。下料装置一般是由电机进行驱动，所以电机速度、螺旋下料机直径以及螺距决定了系统的下料速度。通过对螺旋下料机原理、称重系统原理和相应的控制技术与网络通信技术的研究，完成了奶牛精量下料装置及下料称重控制系统设计，通过使用模糊控制和比例积分微分控制（PID）相结合的方式，实现了对下料称重过程的自适应控制。该设计采用求取饲料投放量与饲料剩余量差值的方法，获取奶牛实际采食量，能够更真实准确地获取采食量数据。

同时，奶牛精量饲喂管理系统的软件平台，采用 Visual Basic. Net 与 SQL server 2005 作为程序开发工具和数据库平台，实现了系统监控中心软件

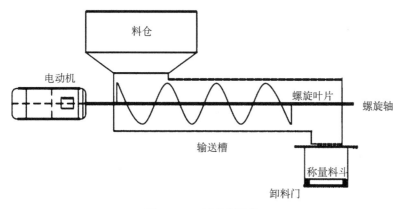

图 4-6 下料装置结构

开发和数据库的构建。利用 ADO. Net 和 WinSocket 技术，实现了网络通信、数据处理功能，并根据专家系统理论编写了推理机程序，实现饲喂量决策功能。

第四节 粪污处理设施

一、堆肥发酵处理

牛粪的发酵处理是利用各种微生物的活动来分解粪中的有机成分，可以有效地提高这些有机物质的利用率。在发酵过程中形成的特殊理化环境也可基本杀灭粪中的病原体，主要方法有充氧动态发酵、堆肥处理、堆肥药物处理等，其中堆肥方法简单，无须专用设施，处理费用低。

二、牛粪的有机肥加工

牛粪商品有机肥生产技术工艺路线为：牛粪便为原料收集于发酵车间内—加入配料平衡氮、磷、钾—接种微生物发酵菌剂—移动翻抛式翻动、通氧发酵—发酵、脱臭、脱水—粉碎（或制粒）。相对于传统牛粪便处理，有机肥为养殖场创造了极其优良的牧场环境，实现优质、高效、低耗生产，改善产品质量，提高效益。利用微生物发酵技术，将牛粪便经过多重发酵，使其完全腐熟，并彻底杀死有害病菌，使粪便成为无臭、完全腐熟的活性有机肥,从而实现牛粪便的资源化、无害化、无机化利用。同时解决了畜牧场因粪便所产生的环境污染。所生产的有机肥,可广泛应用于农作物种植、城市绿化以及家庭花卉种植等。

三、生产沼气

利用牛粪有机物在高温(35~55℃)厌氧条件下经微生物(厌氧细菌,主要是甲烷菌)发酵降解成沼气,同时杀灭粪水中的大肠杆菌、蠕虫卵等。沼气作能源,发酵的残渣又可作肥料,因而生产沼气既能合理利用牛粪,又能防止环境污染。除严寒地区外,我国各地都有用沼气发酵牛粪沼气池沼液开展粪尿污水综合利用的成功经验。但我国北方冬季为了提高产气率往往需给发酵罐加热,主要原因是沼气发酵在15~25℃时产气率极低,因而提高了生产沼气的成本。

四、污水的处理与利用

养牛业的高速发展和生产效率的提高,导致养牛场产生的污水量大大增加,尤其是奶牛养殖场,这些污水中含有许多腐败有机物,也常带有病原体,若不妥善处理,就会污染水源、土壤等环境,并传播疾病。

污水处理的基本方法有物理处理法、化学处理法和生物处理法等。这3种处理方法单独使用时均无法把养牛场高浓度的污水处理好,要进行综合系统处理。

(一)污水物理处理

物理处理法是利用物理作用,将污水中的有机污染物质、悬浮物、油类及其他固体物分离出来,常用方法有固液分离法、沉淀法、过滤法等。

固液分离法首先将牛舍内粪便清扫后堆好再用水冲洗,这样既可减少用水量,又能减少污水中的化学耗氧量,给后段污水处理减少许多麻烦。沉淀法利用污水中部分悬浮固体其比重大于1的原理使其在重力作用下自然下沉,与污水分离。固形物的沉淀是在沉淀池中进行的,沉淀池有平流式沉淀池和竖流式沉淀池两种。过滤法主要是使污水通过带有孔隙的过滤器使水变得澄清的过程。养牛场污水过滤时一般先通过格栅,用以清除漂浮物,如草末、大的粪团等,之后污水进入滤池。

(二)污水化学处理

根据污水中所含主要污染物的化学性质用化学药品除去污水中的溶解物

质或胶体物质，如：混凝沉淀用三氯化铁、硫酸铝、硫酸亚铁等混凝剂，使污水中的悬浮物和胶体物质沉淀而达到净化目的；化学消毒以次氯酸消毒法最经济有效。

（三）污水生物处理

生物处理法是利用微生物的代谢作用，分解污水中有机物的方法。净化污水的微生物大多是细菌，此外，还有真菌、藻类及原生动物等。主要利用氧化塘、活性污泥法、人工湿地进行处理。

氧化塘亦称生物塘，是构造简单、易于维护的一种污水处理构筑物，可用于各种规模的养殖场，塘内的有机物由好氧细菌进行氧化分解，所需氧由塘内藻类的光合作用及塘的再曝气提供。

氧化塘可分为好氧、兼性、厌氧和曝气氧化。氧化塘处理污水时，一般以厌氧—兼氧—好氧氧化塘连串成多级的氧化塘，具有很高的脱氮除磷功能，可起到三级处理作用。氧化塘优点是土建投资少，可建造和利用天然的山塘、池塘，机械设备的能耗少，有利于废水综合作用。缺点是受土地条件的限制，也受气温、光照等的直接影响，管理不当会孳生蚊蝇，散发臭味而污染环境。

活性污泥法是由无数细菌、真菌、原生动物和其他微生物与吸附的有机物、无机物组成的絮凝体，又称活性污泥，其表面有一层多糖类的黏质层，对污水中悬浮态和胶态有机颗粒具有强烈的吸附和絮凝能力。在有氧时，其中的微生物可对有机物发生强烈的氧化和分解。

传统的活性污泥需建初级沉淀池、曝气池和二级沉淀池。即污水—初级沉淀池—曝气池—二级沉淀池—出水，沉淀下来的污泥一部分回流入曝气池，剩余的进行脱水干化。

五、人工湿地处理

采用湿地净化污物的研究起始于20世纪50年代。湿地是经过精心设计建造的，粪污慢慢地流过人工湿地，通过人工湿地的植被、微生物和碎石床生物膜，将污水中的化学耗氧量、生化需氧量（氮、磷）等消除，使污水得以净化。目前国内外已应用天然湿地和人造湿地用于处理污水。几乎任何一种水生植物都适合于湿地系统，最常见的有水葫芦、芦苇、香蒲属和草属。某些植物如芦苇和香蒲的空心茎还能将空气输送到根部，为需氧微生物活动提供氧气。

六、粪便污水的综合生态工程处理

"人工生态工程"由沉淀池—氧化沟—漫流草地—养鱼塘等组成，通过分离器或沉淀池将牛粪牛尿污水进行固体与液体分离，其中，固体作为有机肥还田或作为食用菌（如蘑菇等）培养基，液体进入沼气厌氧发酵池。通过微生物—植物—动物—菌藻的多层生态净化系统，使污水污物得以净化。净化的水达到国家排放标准，可排放到江河，回归自然或直接回收用于冲刷牛舍等。

第五章　奶牛营养调控措施

第一节　碳水化合物营养

动物机体为维持生命活动（如心脏跳动、呼吸、血液循环、代谢活动、维持体温等）和生产活动（如增重、繁殖、泌乳等）均需消耗一定的能量。奶牛所需的能量有 75%~85% 来源于日粮中的碳水化合物，其大部分在瘤胃内被微生物代谢利用产生有机酸而氧化提供 ATP，小部分在瘤胃后消化道分解代谢提供能量，在维持动物生长发育、机体代谢和生产性能等方面发挥重要作用。

因此，日粮中碳水化合物结构是否合理对动物生长和健康有很大影响，譬如奶牛生产中出现的瘤胃健康问题和能量负平衡问题均与碳水化合物代谢有关。当碳水化合物和脂肪等物质提供的能量不足时，犊牛或育成牛表现为生长速率降低，初情期延长，体组织中蛋白质、脂肪的沉积减少而使躯体消瘦和体重减轻，泌乳量显著降低；当能量过剩时影响母牛的正常繁殖，会出现性周期紊乱、难孕、胎儿发育不良、难产等。另外，会影响奶牛的正常泌乳，这是因为脂肪在乳腺内的大量沉积，妨碍了乳腺组织的正常发育，从而使泌乳功能受损而导致泌乳量减少。因此，奶牛日粮中添加合适的碳水化合物种类以及比例对奶牛的维持需要和生长需要至关重要。

一、碳水化合物的概念和营养

碳水化合物是指多羟基醛、酮及其多聚物和某些衍生物以及水解产生上述产物的化合物的总称。奶牛营养需要（NRC，2001）将碳水化合物分为非结构性碳水化合物（NSC）和结构性碳水化合物（SC）两大类，其中非结构性碳水化合物包括糖、淀粉、有机酸等；结构性碳水化合物存在于细胞壁中，包括粗纤维、中性洗涤纤维（NDF）和酸性洗涤纤维（ADF）等。

目前，反映易消化碳水化合物的指标有 NSC 和 NFC（非纤维性碳水化合物）。

NSC 中的糖、淀粉等在瘤胃中可快速降解，使瘤胃中微生物保持一定数量并具有较高活性。奶牛日粮中添加糖蜜能够刺激瘤胃中纤维素分解菌的发育，从而提高纤维素的利用率，而瘤胃中过量的可溶性碳水化合物会导致瘤胃 pH 值降低，增加反刍动物瘤胃酸中毒的危险。饲料中的纤维素物质可为反刍动物瘤胃微生物提供能量，但其过程较缓慢，无法满足瘤胃微生物能量供应，随着瘤胃蠕动的进行，瘤胃微生物的数量被稀释，导致无法有效降解饲料原料满足机体需要。

日粮中纤维素对于奶牛具有重要的生理作用，可以促进唾液分泌、刺激反刍、保持瘤胃液缓冲体系和维持瘤胃健康。瘤胃微生物可对 SC 进行有效发酵，产生挥发性脂肪酸（VFA），同时提供能量。VFA 可以在奶牛体内合成葡萄糖、乳脂等营养物质，可以为微生物合成菌体蛋白提供碳架。

不同的 NSC/SC 比例构成不同的精粗比，高精料意味着营养水平较高，NSC 含量高，相应地 NSC/SC 比例也较高。奶牛在不同产奶情况下，饲料中精粗比有一定的变动范围，高产奶牛 60：40，中产奶牛 50：50，低产奶牛 40：60。

日粮中 NFC 的含量和采食量会影响奶牛的泌乳性能和乳蛋白含量。研究表明，对于日产奶量超过 40 kg 的奶牛，日粮中应当含有超过 30% 的 NFC，但与 NFC 含量 36% 相比，NFC 含量达到 42% 并没有发现更大益处。泌乳牛饲喂青贮苜蓿、青贮玉米或二者比例为 50：50 的基础日粮（日粮中 NFC 的比例在 30%~46%）时，日粮中 NFC 的最佳比例应为 40%；日粮中 NFC 比例大于 45%~50% 和小于 25%~30% 时，产奶量下降；NFC 采食量与产奶量相关性很好，NFC 采食量每增加 1 kg，产奶量增加 2.4 kg。当 NFC 在日粮中干物质占比由 41.7% 增加到 46.5% 时，乳蛋白含量和产量都有所增加。

另有研究表明，在以玉米青贮、燕麦干草和玉米为饲料原料的日粮中，随着 NDF 水平的下降和淀粉水平的增加，可以相应提高奶牛瘤胃内干物质（DM）、有机物（OM）、NDF、ADF 的有效降解率，且当日粮 NDF 与淀粉比例在 0.86~1.13 时营养价值较高，日粮在瘤胃内能被较好地降解利用，相对饲养价值较高。随着日粮 NDF/淀粉比例的提高，体外发酵 48 h 干物质降解率逐渐下降，48 h 产气量和理论最大产气量呈下降趋势。

（一）碳水化合物对营养物质采食量的影响

在营养学上，畜禽干物质采食量（DMI）是极为重要的指标。有许多因素可影响 DMI，饲料中 NDF 组分的消化速率较慢，通常被认为是影响干物质采食量的主要因子，且 NDF 的来源对其也有很大影响。NDF 含量与瘤胃充满程度往往具有较高相关性，在饲喂高 NDF 含量的日粮时，瘤胃充满程度直接限制 DMI；但在饲喂低 NDF 含量的日粮时，能量采食量的反馈抑制作用会限制 DMI。泌乳早期奶牛日粮 NDF 含量为 35% 会限制 DMI，但当日粮 NDF 含量为 25% 时，不论瘤胃中是否存在难以消化的大容积饲料，DMI 都不受瘤胃充满程度的限制。总而言之，当日粮 NDF 含量高于 25% 时，随 NDF 水平的提高，DMI 总体上趋于下降。

（二）碳水化合物对营养物质消化率的影响

研究表明，日粮中不同类型碳水化合物的比例不同，可能会提高或降低 DM、OM、NDF 和 ADF 的消化率。当泌乳奶牛日粮中 NFC 的含量分别为 24%、36%、42% 时，NFC 含量为 36% 日粮的 DM、OM 的表观消化率显著高于 NFC 含量为 24% 的日粮组，42%NFC 组日粮的 NDF 消化率最低；NFC 含量由 30.2% 降低到 24.3%，其 DM、OM 的全消化道消化率显著下降，NDF 的全消化道消化率也有降低的趋势；NFC/NDF 由 1.12 提高至 1.64 时，能够显著提高 12 月龄荷斯坦后备奶牛的 DMI、ADG 以及 DM 和 CP 表观消化率，且能够显著降低瘤胃 CH_4 产量。

（三）碳水化合物对其他指标的影响

高产奶牛产前日粮中添加不同组成（玉米淀粉、甜菜干、蔗糖）的高比例 NFC，结果发现：玉米淀粉组的产奶量最高 [43.71 kg/（头·d）]，但乳脂率和脂肪校正乳产量最低，蔗糖组乳脂率最高（4.10%），脂肪校正乳产量最高 [44.03 kg/（头·d）]，而甜菜干组乳蛋白含量最高。有研究指出，采食高 NFC（40%）、低 NDF（31.5%）日粮的奶牛，比采食低 NFC（30%）、高 NDF（35.8%）日粮的奶牛其氮的存留率更高。诸多体内和体外试验研究表明，提高日粮 NSC 水平或可降解碳水化合物的浓度，可增加微生物蛋白的流通量。但也有研究认为，高 NSC 日粮对于微生物的生长没有明显的影响。

第二节　蛋白质和氨基酸营养

一、蛋白质的概念和营养

蛋白质是奶牛生命和进行生产活动不可缺少的重要物质。蛋白质参与机体正常的生命活动、修补和组成机体组织器官。同时,蛋白质是三大营养物质中唯一能提供氮素给奶牛的物质,主要由碳、氢、氧、氮4种元素组成,有些蛋白质还含有少量的硫、磷、铁等元素。机体内的生命活性物质如酶、激素、抗体等的组成都是以蛋白质为原料,蛋白质还是牛奶的重要组成物质。

蛋白质供给不足时,奶牛会出现消化机能减退、生长缓慢、体重下降、繁殖机能紊乱、抗病力减弱、组织器官结构和功能异常,严重影响奶牛的健康和生产;当蛋白质供给过剩时,由于机体对氮代谢的平衡具有一定的调节能力,所以对机体不会产生持久性的不良影响。过剩的饲料蛋白质含氨部分以尿素或尿酸形式排出体外,无氨部分作为能源被利用。然而,机体的这种调节能力是有限的。当超出机体的承受范围之后,就会出现有害影响。如代谢紊乱、肝脏结构和功能损伤、饲料蛋白质利用率降低,严重时会导致机体中毒。

(一) 日粮蛋白质水平对产奶性能和氮消化率的影响

经过实践证明,日粮蛋白质水平在一定程度上影响着产奶性能和氮消化率。对于日产41 kg的奶牛,日粮蛋白质水平为13.5%～19.4%,研究发现蛋白质水平在13.5%～16.5%时对奶牛产奶量影响较大,但蛋白质水平在16.5%～19.4%时对奶牛产奶量基本没有影响,乳蛋白质产量也呈相似趋势。对饲喂4个日粮能量相近处理(CP水平分别为12.72%、13.52%、14.43%和15.37%)的奶牛进行比较,发现日粮蛋白质水平对奶牛泌乳性能和DMI没有显著影响,这说明日粮蛋白质水平在一定差异范围内时未对DMI、产奶量以及乳成分产生显著的影响。

奶牛摄入的氮除用于合成乳蛋白外,大部分通过粪和尿排出体外。粪氮主要是由小肠未消化的微生物蛋白质、内源蛋白质、小肠脱落的上皮细胞和未消化的饲料蛋白质组成。粪氮排泄量相当稳定,与干物质采食量呈一定比例,约占粪尿总氮的60%。随着日粮蛋白质水平的上升,粪氮增加不明显,这暗示了奶牛饲喂过量的蛋白质后，有可能是通过尿氮来排泄体内多余的氮。饲喂低蛋白日粮（16.8%）与饲喂高蛋白日粮（19.4%）相比可减少粪氮和尿氮排量；有研究设计了 4 个处理（12.5% CP 和 0.45% 赖氨酸、12.5% CP 和 0.60% 赖氨酸、14.1% CP 和 0.45% 赖氨酸、14.1% CP 和 0.60% 赖氨酸），发现在降低日粮赖氨酸水平的情况下，保持或降低日粮 CP 水平，其尿氮排出量增加，氮利用率降低，乳氮排出量较低；当日粮赖氨酸从 0.45% 提高到 0.60%，即使改变日粮蛋白质水平，氮利用率依然较高，而且乳氮排出量较高。

二、氨基酸的概念和营养

氨基酸是含有氨基和羧基的一类有机物，对反刍动物的营养是必需的，参与合成乳蛋白等生物活性物质。反刍动物所需的各种氨基酸一小部分由日粮直接提供，大部分是由瘤胃的微生物菌群合成的，奶牛瘤胃微生物合成的氨基酸约占小肠可吸收氨基酸的 35%~66%。其中大多数瘤胃微生物蛋白质中的氨基酸组分对于生产奶、肉、毛等畜产品来说是适宜的，而蛋氨酸、组氨酸、缬氨酸、亮氨酸、异亮氨酸等有时差 14%~22%，并且即使瘤胃发酵和微生物蛋白质合成处于极佳状态，进入小肠的蛋氨酸、赖氨酸、异亮氨酸仍难以满足奶牛的氨基酸需要。所以，需要利用过瘤胃保护氨基酸技术提供足够所需的氨基酸。

瘤胃保护性氨基酸即以某种方式将氨基酸保护起来，使其在瘤胃的降解率大大降低，通过瘤胃的氨基酸能在小肠内被有效吸收。在目前，国内外研究的重点是以蛋氨酸和赖氨酸作为第一、第二限制性氨基酸添加在大多数日粮中，泌乳奶牛日粮中这两种氨基酸往往是缺乏的。在奶牛日粮中添加赖氨酸和蛋氨酸可以使得采食量、产奶量，以及乳蛋白的含量和产量有不同程度的提高。因此，在 NRC（2001）中关于奶牛营养需要的一些研究中，重点探讨了过瘤胃赖氨酸或蛋氨酸和乳蛋白产量之间的关系，发现添加过瘤胃赖氨酸或蛋氨酸可以提高乳蛋白产量。根据 NRC（2001），为满足乳蛋白的合成，瘤胃微生物蛋白中赖氨酸和蛋氨酸估计的最佳浓度分别约为 7.2% 和 2.4%。在奶牛中最有效的方法是增加可吸收蛋氨酸的供应量，包括瘤胃保护性蛋氨酸。

通常来讲，动物机体某种限制性氨基酸的增加，必然会伴随其他一些氨基酸含量的变化，如果要使总的氨基酸的利用率有所提高，就必须保持这些氨基酸的平衡。因此，通过调节动物体内氨基酸的不同比例使其保持在稳定的状态，对氨基酸在反刍动物体内的高效利用尤为重要。平衡的氨基酸供应模式不仅可以降低日粮蛋白质水平，提高食入氮转化为乳蛋白的比例，提高乳蛋白效率并促进牛奶的生产，还可以降低粪尿氮排泄量，尤其可以减少易挥发的尿氮排泄量。精氨酸既可作为蛋白质合成的底物，又可作为合成过程的调节物。研究证实，在妊娠后期，颈静脉连续灌注精氨酸可以显著提高奶牛血液中催乳素、生长激素和胰岛素的浓度，从而提高产奶量。

第三节　脂肪与脂肪酸营养

一、脂肪的概念和营养

脂肪是奶牛体内重要的能量物质，可以供给机体能量。脂肪能值高，是同一重量碳水化合物所产热能的 2.25 倍；是动物机体可溶性维生素的组成成分和修补原料；可为机体提供必需脂肪酸；作为脂溶性维生素 A、维生素 D、维生素 E、维生素 K 的溶剂，促进脂溶性维生素的吸收与转运；内分泌系统分泌的性激素等类固醇激素是由脂肪中的胆固醇合成的；乳腺分泌的乳脂也属于脂肪；必需脂肪酸参与磷脂的合成，既是细胞生物膜的组成成分，也是动物体内合成生物活性物质的载体。因此，日粮中缺乏脂肪时，可导致奶牛生长停滞，繁殖率和抗病力下降，产奶量和乳脂率降低。

在牛日粮中添加脂肪，一方面可以在不改变日粮精粗比的前提下提高日粮能量浓度，另一方面也可以缓解热应激和提高产品质量等。日粮中较高的能量浓度有利于形成大理石纹牛肉，使肉嫩度提高，增强牛肉独特的风味，可以提高日增重和饲料转化效率，有利于提高屠宰率和净肉率。有研究发现，在日粮中添加脂肪，有利于提高牛奶中多不饱和脂肪酸含量及产奶量，形成含功能性脂肪酸的牛奶，提高牛奶品质、奶牛养殖的经济效益和生态效益。研究表明向奶牛日粮中添加亚麻籽，泌乳奶牛产奶量显著增加，乳蛋白率和乳脂率显著提高，但3%膨化亚麻籽对产奶量没有显著影响，但改善了乳品质，并增加了牛奶中多不饱和脂肪酸的含量。因此将脂肪添加到日粮中具有一定意义，尤其有利于满足泌乳奶牛的营养需要。

高产奶牛特别是产奶初期机体处于能量代谢负平衡时，在日粮中添加适量脂肪（日粮总脂肪占日粮干物质的5%~7%），可使能量代谢达到正平衡，泌乳高峰提前到达，可提高产奶量、乳脂率和减少营养代谢病的发生，同时脂肪中含有长链脂肪酸，它可以直接进入乳腺来合成乳脂，提高乳脂率，增加经济效益。在实际生产需要时，脂肪添加数量要计算准确。奶牛需要的脂肪取决于乳脂合成量。如果一头奶牛日产鲜奶 36 kg，乳脂率为 3.5%，1 d 的乳脂量为 1.26 kg，要想保持奶牛的正常状况和持续生产水平，日粮中应添加 1.26 kg 脂肪。

（一）添加脂肪的注意事项

（1）在生产中不要只用一种脂肪，脂肪类型应多样化，要选用不同来源和类型的脂肪。在应用脂肪喂奶牛时，选择保护性脂肪产品中碳链短的脂肪酸，这样吸收较好，利用率高。同时要选择不饱和脂肪酸，这要比饱和脂肪酸容易吸收。

（2）加喂脂肪要适时。产犊后的奶牛消耗体力大，加喂脂肪本身也是一种应激，故奶牛产后不宜在短期内添加。产后 3~5 周添加应激影响较小，产奶量会暂时下降，但随后产奶量会增加。特别炎热季节和泌乳期添加脂肪效果更好，并能延长产奶高峰期，使整个泌乳期产奶量增加。但到泌乳后期，效果不明显，则没有必要使用保护性脂肪。

（3）日粮组成要合理。为充分发挥脂肪的添加效果，应饲喂优质干草，使纤维量达到要求，促使瘤胃多产酸，这样才能充分发挥脂肪的作用，使产奶量和乳脂率明显提高。干物质粗纤维含量在 17%，酸性洗涤纤维 21%，同时增加日粮中粗蛋白质的量；钙含量如为正常水平应增加 0.1%~0.2%，日粮镁含量保持在 0.25%~0.30%。还应考虑适量增加日粮中瘤胃降解蛋白和过瘤胃蛋白的含量，以维持乳蛋白水平，使乳蛋白不致因为产奶量增加而下降。

（4）适量补充添加剂。每天补充 6~12 g 烟酸、10 g 过瘤胃蛋氨酸（Rumen-passing Methionine，RP Met）或 20~30 g 过瘤胃赖氨酸（Rumen-passing Lysine，RP Lys）或每天补充 20~30 g 胆碱，与补充脂肪等合并使用。这对提高产奶量、乳脂和乳蛋白含量，减少代谢疾病，改善繁殖性能等均具有显著的协同效果。

（5）分清对象再添加。保护性脂肪适合饲用于高、中产的奶牛，对低产奶牛不适用，效果不好。若牛群平均产奶量低于 25.5 kg，不必添加油脂；泌乳量超过此值，则可添加脂肪以提高日粮能量浓度，满足其生产需要。同时，对乳脂率低于 3.5% 的奶牛使用效果较好；乳脂率高于 3.5% 时，添加效果不明显。

（6）补喂脂肪要渐增。日粮中使用与停用瘤胃保护性脂肪均需要逐渐过渡，以使奶牛有时间调整饲料采食量和瘤胃微生物菌群。逐渐增加脂肪喂量还可以避免适口性差的问题。生产中一般分3个阶段喂到全量，开始喂给1/3，分3个阶段逐渐加到全量，一般经3~4周达到使用的全量，不会明显影响奶牛的适口性。

二、脂肪酸的概念和营养

脂肪酸分为饱和脂肪酸与不饱和脂肪酸，其中不饱和脂肪酸包括单不饱和脂肪酸与多不饱和脂肪酸，多不饱和脂肪酸分为ω-3、ω-6、ω-7、ω-9多不饱和脂肪酸，其中ω-3多不饱和脂肪酸为动物体所必需的脂肪酸。目前，ω-3多不饱和脂肪酸在奶牛上的研究主要集中于其对繁殖与生产的影响。已有试验证明ω-3多不饱和脂肪酸能够提高奶牛的繁殖能力，一方面，ω-3多不饱和脂肪酸能够改善公牛的精子质量，同时也能够改善解冻后精子的质量，提高奶牛的受孕能力；另一方面，ω-3多不饱和脂肪酸能够提高母牛产后恢复能力，从而提高奶牛生产性能。同时，日粮中ω-3多不饱和脂肪酸的含量能够增强瘤胃内生物氢化作用，而这种生物氢化作用能够产生共轭亚油酸等物质，这种氢化作用也可以在一定程度上减少CH_4的产生，减少能量的浪费。ω-3多不饱和脂肪酸还会引起瘤胃内微生物的组成发生变化，从而改变瘤胃内的发酵状况，在一定程度上改变瘤胃内挥发性脂肪酸的组成，并进一步影响奶牛的生产性能。

第四节 微量元素和维生素营养

一、微量元素的概念和营养

根据矿物质占动物体比例的大小，分为常量元素和微量元素。占动物体比例在0.01%以上的为常量元素，低于0.01%的为微量元素。现已确认有20多种矿物质元素是奶牛所必需的。常量元素有钙、磷、钠、氯、镁、钾、硫；微量元素有铜、铁、锌、锰、钴、碘、硒等。矿物质的营养功能主要是体组织的生长和修补物质；用作动物体矿物质的调节剂，调节血液、淋巴液的渗透压稳定；牛乳的主要成分（牛乳干物质中含有5.8%的矿物质）；维持肌肉的兴奋性，激活酶，促进各种养分的消化及利用。

微量元素的缺乏会导致动物生理活动发生异常；短期缺乏时，其症状并不明显，所以常常被集约化奶牛场所忽略；当长期缺乏时，则出现生理活动异常等临床症状，导致发生重大疾病，生产力终身下降、残疾、甚至死亡。目前，市场上的微量元素产品主要分为有机微量元素和无机微量元素 2 种形式，有机微量元素具有吸收利用率高、危险性低等优点，但价格昂贵，会增加饲养成本；而无机微量元素成本较低，深受广大用户青睐，且主要以舔砖的形式使用。反刍动物有喜舔食的天性，舔砖既能满足其心理需求还能促进唾液分泌，维持瘤胃酸碱平衡，素有"牛羊巧克力"之美称。

（一）各微量元素的营养价值

碘在机体内含量甚微，多集中于甲状腺中，但功能非常重要。它与代谢密切相关，参与许多物质的代谢过程，对动物健康生产等均有重要影响。缺碘时，动物代谢降低、甲状腺肿大、发育受阻。为预防碘的缺乏，可在饲料中加入 1% 含 0.015% 的碘化物或将少许无机碘混入水中饮喂可起到理想的效果。碘的补给量以每千克干物质饲料中不超过 0.6 mg 为宜。

硒分布于全身所有组织，尤以肝、肾、肌肉中分布最多。硒是谷胱甘肽过氧化物酶的主要成分。硒和维生素 E 具有相似的抗氧化作用，能分解组织脂类氧化所产生的过氧化物，保护细胞膜不受脂类代谢副产物的破坏。若硒不足，可引发白肌病、肝坏死、生长迟缓、繁殖力下降等。缺硒的主要原因是由于土壤中硒的缺乏。缺硒地区，其补给量以每千克干物质饲料不超过 0.3 mg 为宜。

奶牛体内的铁，约 70% 存在于血液和肌肉中，还有一部分铁与蛋白质结合形成铁结合蛋白，贮存于肝、脾及骨髓中。铁的主要功能是作为氧的载体以保证体组织内氧的正常输送，并参与细胞内生物氧化过程。缺铁时常表现为贫血症，特别是幼龄家畜。在每千克饲料干物质中，反刍家畜对铁的需要量为 50 mg/kg。

锌是畜体内多种酶的成分，它还是胰岛素的组成成分，参与碳水化合物的代谢。锌缺乏时，动物生长受阻，被毛易脱落。奶牛体内约含锌 20 mg/kg，对于高产母牛每千克饲料干物质中含锌量必须达到 40 mg 时才不致发生锌缺乏症。

铜是构成血红蛋白的成分之一，它是体内许多酶的激活剂。红细胞的生成、骨的构成、被毛色素的沉着等都需要铜的存在。缺乏铜会出现贫血、运动失调、骨代谢异常等病症。一般奶牛对铜的需要量为 8~10 mg/kg。

钴是维生素 B_{12} 的成分，反刍动物瘤胃微生物能够利用钴合成维生素 B_{12} 为其吸收利用。所以，当缺乏钴时，则会出现维生素 B_{12} 的缺乏。表现为营养不良，生长停滞、消瘦、贫血等。奶牛每日钴的补给量为 0.1 mg/kg 为宜。钴的最大耐受量为 10 mg/kg。

(二) 微量元素对奶牛泌乳性能的影响

矿物质微量元素能提高奶牛产奶量，对乳品质也有改善作用。在奶牛日粮中添加微量元素锌、铜、锰、钴和碘等，产奶量可以提高 20%，乳品质也有改善。在实际生产应用中，将矿物质微量元素以营养舔砖形式饲喂给奶牛是不错的选择，可显著提高奶牛乳蛋白、乳脂肪以及乳中固形物含量。

(三) 微量元素对奶牛健康的影响

矿物质微量元素对奶牛的健康有积极的作用。有报道称，补充一定量的矿物质会影响奶牛产犊前后血液及牛奶中的中性粒细胞的数量和活性。微量元素 Se 是细胞谷胱甘肽过氧化物酶的活性成分，能增强动物体内中性粒细胞的吞噬活性，提高机体免疫调控能力，并能降低乳腺炎发生的风险；钴可保证牛群发情周期正常。有研究发现，饲用矿物质微量元素营养舔砖的患病牛只比对照组患病牛只康复所需时间缩短，说明补充矿物质微量元素对奶牛健康有着积极的作用。随着补饲舔砖时间的延长，动物体内因大量产奶而流失的矿物质微量元素得到补充，有助于动物抵抗疾病、恢复生产、降低淘汰率、提高平均配种次数。锰的缺乏可导致公畜睾丸萎缩、母畜排卵障碍，这可能与锰在动物体内参与胆固醇及胆固醇前体物合成有关，缺乏锰会影响其合成受阻，进而影响类固醇激素和性激素的合成。这些结果均说明矿物质微量元素是维持动物生理活动的重要营养成分之一，其对动物的繁殖性能有着重要的改善作用，缺乏或过量都会导致生殖器官发生病变、繁殖激素紊乱、繁殖力下降。

二、维生素的概念和营养

维生素在饲料中含量甚微，但对机体的调节、能量的转化和组织的新陈代谢有着极为重要的作用。维生素分为脂溶性维生素（维生素 A、维生素 D、维生素 E、维生素 K）和水溶性维生素（B 族维生素和维生素 C）两类。奶牛对维生素的需要量不多，但缺乏时，则会引起许多疾病。维生素 A 缺乏则表现夜盲或干眼病，幼畜生长发育受阻、繁殖机能障碍，被毛粗乱、无光，食欲不佳，易患呼吸道疾病等。缺乏维生素 D 则表现为钙、磷代谢紊乱，出现佝偻病、骨质疏松、四肢关节变形、肋骨变形等。另外，牙齿发育不良，缺乏牙釉质。奶牛泌乳期缺乏维生素 D 会导致泌乳期缩短，高产奶牛的产奶高峰期常出现钙的负平衡。当维生素 E 缺乏时，则会出现肌肉营养不良、心肌变性、繁殖性能降低等病症。B 族维生素对维持奶牛正常的生理代谢非常重要，但反刍家畜的瘤胃中可合成 B 族维生素，所以不易缺乏，但为了发挥奶牛生产潜力还应该予以补充。维生素 C 在体内参与一系列的代谢过程。动物体内可合成维生素 C，若缺乏时可出现坏血病、出血、溃疡、牙齿松动、抗病力下降等。

（一）维生素在奶牛养殖中的应用

乳腺炎是一种奶牛常见疾病，在所有的产奶畜群中都会发生。在产仔和哺乳的最初 2 个月中，临床和亚临床乳腺炎的发病率最高。在分娩前期，免疫系统的活动被抑制，这也正是奶牛为何在这一期间乳腺特别容易受到感染的原因。维生素 E 有助于提高免疫细胞的杀伤力，激发免疫反应，保护白细胞不受自由基破坏，延长白细胞寿命。在日粮中添加 100 IU/d 维生素 E 可使奶牛临床乳腺炎的发病率降低 30%，添加 4 000 IU/d 的效果更加显著，会减少临床乳腺炎发病率的 80%。为了延长维生素 E 的效能，在哺乳早期一直使用高维生素 E 含量的饲料很必要。

奶牛蹄病（单蹄溃疡、白线病、蹄和蹄部皮肤炎）对其健康及产奶量都会造成损害，蹄的健康也是进行早期鉴定的指标之一，是继乳腺炎和产科疾病之后的第三位疾病。生物素是 B 族维生素的一种，尽管生物素可以在瘤胃中合成，但在有些阶段自身合成的生物素无法满足其需要，如在分娩前期和哺乳早期，每日给奶牛补充 20 mg 的生物素可以有效降低几种常见的蹄病发病率。研究表明，补充生物素能够显著提高产奶量和乳蛋白含量。奶牛每日摄入 200 mg 生物素可每日增产 2.8 g 奶，生物素的补充可能是通过提高葡萄糖产量或改善纤维的可消化性进而提高产奶量。

风味是决定牛奶可食性的重要品质之一。自发性的氧化气味（SOF）主要由不饱和脂肪酸的氧化引起。对于奶业而言这是一个大问题，因为这种气味降低了牛奶和奶制品的可接受性。在晚冬和春季，当抗氧化剂含量较低的时候，SOF 常常发生。在日粮中补充维生素 E 通常可以有效减轻这种氧化气味。

第六章　奶牛无抗养殖

第一节　抗生素的种类及应用效果

抗生素是指微生物（包括细菌、真菌、放线菌属）或高等动植物的生活过程中所产生的具有抗病原体或其他活性的次级代谢产物，能干扰其他生活细胞发育功能的化学物质。在定义上是一个较广的概念，包括抗细菌抗生素、抗真菌抗生素以及抗其他微小病原体的抗生素。常用的抗生素有微生物培养液中的提取物以及用化学方法合成或半合成的化合物。

一、抗生素的作用机理

抗生素等抗菌剂具有益菌或杀菌作用，但抗生素对微生物的作用具有选择性，依其作用可分为广效抗生素或专一抗生素。主要是针对"细菌有而人或其他高等动植物没有"的机制进行杀伤，有四大类作用机理。①阻碍细菌细胞壁的合成，导致细菌在低渗透压环境下溶胀破裂死亡，以这种方式作用的抗生素主要是β-内酰胺类抗生素。哺乳动物的细胞没有细胞壁，不受这类药物的影响。②与细菌细胞膜相互作用，增强细菌细胞膜的通透性、打开膜上的离子通道，让细菌内部的有用物质漏出菌体或电解质平衡失调而死，以这种方式作用的抗生素有多黏菌素和短杆菌肽等。③与细菌核糖体或其他反应底物（如 tRNA、mRNA）相互作用，抑制蛋白质的合成，这意味着细胞存活所必需的结构蛋白和酶不能被合成。以这种方式作用的抗生素包括四环素类抗生素、大环内酯类抗生素、氨基糖苷类抗生素、氯霉素等。④阻碍细菌 DNA 的复制和转录。阻碍 DNA 复制将导致细菌分裂繁殖受阻，阻碍 DNA 转录成 mRNA 则导致后续的 mRNA 翻译合成蛋白的过程受阻。以这种方式作用的主要是人工合成的抗菌剂喹诺酮类（如氧氟沙星）。

二、抗生素的用途

抗生素最主要用于医疗方面，可以用来杀死细菌。对抗在人或动物体内的致病菌等病原体，可治疗大多数细菌、立克次体、支原体、衣原体、螺旋体等微生物感染导致的疾病。抗生素对于病毒、朊毒体等病原体所引起的疾病没有效用。除了抗细菌性的感染外，某些抗生素还具有抗肿瘤活性，用于肿瘤的化学治疗。有些抗生素还具有免疫抑制作用。抗生素除用于医疗，还应用于生物科学研究、农业、畜牧业和食品工业等方面，在畜牧业和农业中非治疗用的抗生素，称为抗生素生长促进剂。

三、抗生素的主要分类

按照其化学结构，抗生素可以分为喹诺酮类抗生素、β-内酰胺类抗生素、大环内酯类抗生素、氨基糖苷类抗生素等。按照用途，抗生素可以分为抗细菌抗生素、抗真菌抗生素、抗肿瘤抗生素、抗病毒抗生素、畜用抗生素、农用抗生素及其他微生物药物（如麦角菌产生的具有药理活性的麦角碱类，有收缩子宫的作用）等。根据种类的不同，抗生素的生产有多种方式，如青霉素由微生物发酵法进行生物合成，磺胺、喹诺酮类等可用化学合成法生产；还有半合成抗生素，是将生物合成法制得的抗生素用化学、生物或生化方法进行分子结构改造而制成的各种衍生物。

四、抗生素耐药性的起源与发展

早在20世纪抗生素生产产业化前，细菌中就已经存在抗生素耐药基因。从生理学的角度分析，对于能够分泌抗生素的微生物来说，其耐药基因必须与抗生素的生物合成基因一样古老。产抗生素的微生物会在抗生素合成的同一基因簇或相邻基因簇上编码耐药基因，这样才能防止抗生素对自身的伤害。可以依据抗生素合成基因簇推测抗性出现的时间，目前关于耐药性问题的研究，可能对预测未来耐药性的发展具有巨大价值。

在过去的几十年里，抗生素的工业化生产及其在人类和动物身上的过度使用为耐药性的扩增、多样化和传播提供了巨大的选择压力，这种压力是抗生素过度使用前微生物所未曾经历的，不仅导致耐药性在污水处理厂的水体、医院废水、畜牧养殖场的固体废弃物中快速扩散，而且还渗入地下水和土壤。目前，对微生物耐药性研究最为广泛的是受人类活动污染的各类水体（如医院及生活污水）及含抗生素残留的固体废弃物（污泥、畜禽粪便及有机工业菌渣)。据统计,在 2005 年时国内就已经建设了 600 多家污水处理厂,每年产生约 500 万 t 污泥,同时作为畜禽养殖及抗生素的生产大国,每年产生超过 40 亿 t 的粪污及数百万吨的菌渣。污水处理厂的水体及活性污泥中含有大量的耐药基因及耐药微生物,这些耐药基因往往位于可转移质粒的基因组上,从而使得耐药基因在环境微生物中易于扩散和转移。此外,由于抗生素可用于预防疾病及具有促生长功能,其在动物养殖场中往往过度使用,然而这些抗生素在动物体内不能被完全代谢,60%~90%都会随粪便排出体外,从而使得畜禽粪便成为耐药性传播的重要来源。同样,有机工业菌渣也因其未被提取完全的抗生素及产抗生素菌的存在被定义为危险废弃物。但是这些固体废物(如污泥、畜禽粪便及有机工业菌渣)中含有丰富的有机物质,可作为土壤改良剂或肥料,从而改善土壤的物理特性,包括质地、持水性和土壤肥力。固体废弃物中残留的抗生素若直接排放到环境中,将会使得耐药基因及耐药菌在环境中快速扩散,造成严重的环境污染。耐药性在环境中的快速扩散也是病原微生物耐药性的根源。环境微生物在细菌分裂过程中不仅能从母体微生物中获得耐药基因(垂直基因转移),更多地可从整个群落中借助转移元件(质粒、整合子、转座子、插入序列、噬菌体等)获取耐药基因(水平基因转移,如氨基糖苷类的耐药性)。因此,微生物群落通过基因水平转移获取和不断出现新的耐药性,使得环境成为巨大的耐药基因储存库。

第二节 全球禁抗史

一、抗生素在畜禽养殖中的应用历程

1946 年,首次发现链霉素具有刺激雏鸡生长的作用,而真正实行工业化生产抗生素添加剂是在 1949 年,通过利用四环素培养液残渣饲喂猪和鸡,发现其具有显著的促生长作用,由此揭开了抗生素作为药物添加剂应用的序幕。1950 年,美国食品与药物管理局(FDA)首次批准将抗生素用作饲料添加剂。自此之后,抗生素在大量地用作治疗和预防细菌性疾病的同时,还作为饲料添加剂被大范围推广和应用。抗生素对动物消化道内的某些致病菌有抑制或杀灭作用,使畜禽抗病力间接增强,降低发病率,从而达到保证健康和顺利生长的目的;某些抗生素可使动物肠壁变薄,增加膜的通透性,从而有利于肠壁对营养物质的渗透和吸收，提高饲料利用率；抗生素可使食物在肠道中的滞留时间延长，以便动物有更充分的时间进行精细的消化，从而使得更多的营养成分被吸收利用；某些抗生素可刺激脑下垂体，使其分泌促生长激素，从而促进动物的生长发育，提高增重率。

抗生素在饲料中的应用初期对控制畜禽感染性疾病、保障现代养殖业的健康发展确实发挥了极其重要的作用，尤其20世纪60年代以来，抗生素作为药物添加剂为全球饲料添加剂工业带来了巨大发展，开创了20世纪畜禽养殖集约化生产的奇迹。但随着抗生素越用越多、越用越滥，其种种弊端也逐渐被人们所认识。尤其近年来，由饲料安全问题引发的事件此起彼伏，引起全世界越来越多的关注，在饲料中添加抗生素也受到越来越多科学家和畜牧工作者的反对。更为严重的是，抗生素滥用对人类健康也产生着越来越严重的影响。抗生素在被吸收到动物体内后，分布到全身各个器官，在内脏器官尤其是肝脏内分布较多。抗生素的代谢途径多种多样，但大多数以肝脏代谢为主，经胆汁由粪便排出体外，也会通过泌乳和产蛋过程残留在乳和蛋中。一些性质稳定的抗生素被排泄到环境中后仍能稳定存在很长一段时间，从而造成环境中的药物残留。这些残存的药物，通过畜产品和环境慢慢蓄积于人体和其他动植物体内，最终以各种途径汇集于人体，导致人体产生大量耐药菌株，失去对某些疾病的抵抗力，或因大量蓄积而对机体产生毒害作用。

二、禁止使用抗生素饲料添加剂的历程

瑞典1986年禁抗，是禁抗起步最早的国家。1995年，丹麦禁止在饲料中添加阿伏霉素。1997年，欧盟委员会决定所有欧盟成员国禁止使用阿伏霉素饲料添加剂。1998年1月，丹麦禁止使用维吉尼亚霉素饲料添加剂。1999年7月和9月，欧盟委员会决定所有欧盟成员国禁止使用泰乐菌素、螺旋霉素、杆菌肽和维吉尼亚霉素等四种抗生素饲料添加剂，保留黄霉素、效美素、盐霉素和莫能霉素四种抗生素继续作为饲料添加剂。从2006年1月1日起，欧盟全面禁止食品动物使用抗生素促生长饲料添加剂。最后4种允许作为促生长用途的抗生素饲料添加剂——黄霉素、效霉素、盐霉素和莫能霉素也被停止使用。欧盟禁用动物抗生素添加剂的措施不仅激化了欧盟和其他国家之间的畜产品贸易战，而且对全球畜牧业也产生了深远影响，"饲料禁抗"是全球畜牧业发展的必然趋势。2008年，日本也开始禁止在饲料中使用抗生素；2014年，FDA宣布，在未来3年将逐步禁止促生长类抗生

素的使用,自2017年1月1日起,禁止在动物饲料中使用预防性抗生素;韩国于2018年7月全面禁止抗生素在饲料中使用。

中国养殖业的生产规模、生产模式、生产环境以及生产管理水平等参差不齐,与欧美发达国家相比有一定差距,这决定了全面"饲料禁抗"对中国养殖业的影响将会比欧美国家更为严重。在2016年全国两会上,四川省人大代表杨家鹏明确提出,应禁止在饲料中添加抗生素,他还提到抗生素在食物链中富集,很容易导致兽药残留超标。2019年,农业农村部发布的194号公告称,为减少滥用抗生素造成的危害,维护动物源食品安全和公共卫生安全,自2020年7月1日起,饲料生产企业停止生产含有促生长类药物饲料添加剂(中药类除外)的商品饲料,此前已生产的商品饲料可流通使用至2020年12月31日。此外,中国农业科学院发布了农业绿色发展科研计划(2019—2030年),谋划开展农业绿色发展相关技术,以期到2025年实现畜禽用抗生素总量减少50%~55%,到2030年畜禽用抗生素总量减少60%~65%的目标。

第三节　抗生素替代物在奶牛养殖中的应用和挑战

抗生素替代物是随着全球饲用抗生素滥用造成抗生素污染而衍生出来的一种绿色的、污染小且对微生物无抗药性的添加剂,能够保证在动物生长和生产水平不变的情况下减少抗生素使用。根据国内外抗生素使用的现状及发展趋势,开发绿色、安全、无公害的抗生素替代产品是畜禽养殖发展的必然趋势。随着饲用抗生素替代产品研究的发展,市场上替代抗生素的产品出现品种、功能的多样化,在促进畜禽生长和健康、改善畜产品品质等方面具有一定功效。

一、抗生素替代物及其在奶牛养殖中的应用

(一) 中草药添加剂

中草药是指中医所使用的独特药物,也是中医区别于其他医学的重要标志。通常中草药添加剂的有效成分为苷、酸、多酚、多糖、萜类、黄酮、生物碱等,具有抗菌、增强免疫力、提供多种特殊养分和生物活性物质等功能。饲养试验结果表明,黄芪、王不留行、芦根、干草、苍术等和黄芪、川芎、夏枯草、党参、板蓝根等混合组方能分别使每头奶牛每天产奶量增加

4.15%和3.96%，经济效益分别增加0.95元和0.69元。中草药添加剂对处于高温或热应激条件下的奶牛有较好的使用效果，能够促进奶牛泌乳。抗热应激中草药添加剂（石膏、芦根、夏枯草和干草）能够显著提高奶牛4%标准校正乳量。以具有清热解暑、凉血解毒、益气养阴等功效的中草药为试验材料（黄芪、干草、麦冬、五味子等），随着试验时间的持续，中草药提高奶牛生产性能表现得更加明显。近年来，学者们对于中草药添加剂对瘤胃发酵、乳腺炎、消化代谢等方面的影响进行了大量的研究，研究表明中草药添加剂在防治相关代谢疾病等方面也发挥了切实可行的作用。

（二）益生菌

自1899年分离出第1株益生菌以来，益生菌作为饲料添加剂在畜禽养殖业中的应用已有近百年的历史。根据其生物学特性，主要分为乳酸菌科、芽孢杆菌科、链球菌科、放线菌科以及乳酸片球菌、肠膜明串珠菌、粪肠球菌等。FDA公布可应用于日粮中的益生菌有40余种，欧盟有50余种，我国农业农村部允许12种（如植物乳杆菌、乳酸片球菌、枯草芽孢杆菌等）微生物在日粮中应用，随着益生菌的快速发展，其在饲料添加剂中的应用日益广泛。益生菌通过调节机体免疫功能、肠道微生物稳态及代谢产物的解毒作用，增强宿主肠道健康、抵御应激能力及免疫力，可作为抗生素替代品应用于畜禽养殖。益生菌可通过以下方式调控瘤胃发酵，改善免疫机能：①瘤胃环境的酸化会破坏瘤胃微生物的解毒机制，益生菌可改善瘤胃发酵，缓解酸中毒引发的免疫机能下降；②可通过竞争、细胞结合或对肠道病原体产生的毒素的降解来提高机体免疫机能；③酵母型益生菌对消化道pH值的调节限制了促炎性因子（脂多糖或生物胺）的释放，降低耐酸病原体的致病性；④犊牛具有食管沟这一特殊的生理结构，可近似认为过瘤胃保护，为益生菌在肠道的定植奠定基础。细菌型益生菌对犊牛的作用效果与单胃动物相似，可提高淋巴细胞的转化率，缓解断奶应激。

（三）酶制剂

外源酶与内源酶在植物细胞壁上有相同的作用位点，添加外源酶的同时可提高内源酶活性，进而通过提高粗饲料的降解率来改善奶牛生产性能。体外试验结果表明，添加外源纤维素酶可提高粗饲料（如小麦秸秆）的降解率。泌乳初期奶牛瘤胃消化纤维的能力较低，此时添加0.02%外源纤维素酶可有效提高饲料的瘤胃降解率。泌乳牛日粮添加纤维素酶（10 g/d）可极显著提高产奶量，添加复合酶也可有效提高产奶量及乳脂率，对瘤胃发酵及瘤胃氨态氮浓度无影响。研究指出,添加外源纤维素酶可提高奶牛瘤胃液中总挥发性脂肪酸的含量,而不会影响其成分及比例。瘤胃挥发性脂肪酸是反刍动物的能量来源,因此外源酶的添加可在不影响瘤胃发酵的前提下改善反刍动物的能量代谢。此外,外源酶制剂也可影响瘤胃甲烷的产生。

（四）植物提取物

目前,植物抗氧化研究大多集中在香辛料、蔬菜、水果、植物饮品和谷物,植物提取物的抗氧化活性成分主要有多酚类、维生素类、生物碱类、皂苷类、多糖类、多肽类等。植物提取物饲料添加剂具有促生长,抗氧化、抗菌、抗病毒、改善肠道健康等生物学活性。例如植物提取物可提高反刍动物对营养物质的利用率,提高生产性能,并能减少有害物质的产生。单宁可与饲料中蛋白质形成复合物,降低瘤胃微生物对蛋白质的降解,提高进入小肠的蛋白质含量,改善苏氨酸、缬氨酸、亮氨酸等必需氨基酸的表观消化率,减少氮排放,这表明单宁对蛋白质起到过瘤胃保护的作用。皂苷可以通过抑制原虫活性而提高瘤胃微生物对氨态氮的利用,因此皂苷的摄入必然会引起瘤胃发酵的变化。皂苷的抗原虫性质还可用于抑制贾第鞭毛虫对反刍动物的感染。皂苷还可通过抑制细菌脲酶活性来降低蛋白质的降解。体外发酵试验证明皂苷能够降低乙酸与丙酸的比值和甲烷菌的数量,减少尿氮的排出和甲烷排放。精油是从植物中提取的油状混合液。精油通过破坏膜的脂质结构,提高其通透性,使细菌裂解;还可抑制瘤胃中高产氨菌的生长,从而抑制脱氨基作用,减少蛋白质的降解。日粮中添加精油可对瘤胃发酵进行调控,促进瘤胃乙酸型发酵,增强乳脂的合成。

（五）酸化剂

酸化剂分为有机、无机、复合酸化剂,具有提高日粮的酸度值和酶的活性、促进营养物质吸收等作用。反刍动物瘤胃内甲烷的产生会造成饲料中能量的浪费,通过抑制产甲烷菌可使甲烷产量降低 20%~50%,饲料能量利用效率提高 2%~5%。延胡索酸和苹果酸可促进瘤胃丙酸的合成,使瘤胃发酵趋于丙酸型发酵,同时夺取甲烷菌用于合成甲烷的氢以降低甲烷的产量。有研究在山羊日粮中添加 24 g/d 延胡索酸发现,瘤胃甲烷产量显著降低,并极显著提高了丙酸的浓度。肉牛日粮中添加 7.5 苹果酸盐,甲烷产量降低16%,但干物质采食量降低 9%。然而,也有研究发现甲烷产量不受延胡索酸（10 g/d）的影响。这些研究结果的差异可能与试验动物、饲料精粗比及体内外试验的差异性有关,还可能与饲养管理条件有关。

（六）寡糖

寡糖又称低聚糖，为两个或两个以上（一般指 2~10 个）单糖以糖苷键相连形成的具有直链或支链的低糖类的总称，有耐高温、稳定、无毒等理化性质。目前用于食品和饲料添加剂的主要是功能性寡糖，包括大豆寡糖、果寡糖、低聚木糖、壳寡糖、甘露寡糖和半乳寡糖等。具有改善消化道微生物菌群结构、提高机体免疫力、促进消化道发育、增强动物消化吸收能力的作用。寡糖可提高泌乳奶牛生产性能，在奶牛日粮中添加 0.1% 壳聚糖可显著提高产奶量，添加甘露寡糖（20 g/d）可提高产奶量、乳脂率和乳蛋白含量。消化道疾病在犊牛出生后几周内极为常见，寡糖可有效提高犊牛生长性能，调控肠道微生物区系，改善机体免疫机能。寡糖还可刺激肠上皮细胞对免疫球蛋白的吸收，提高犊牛血清中免疫球蛋白浓度。围产前期补充 10 g/d 甘露寡糖可提高奶牛机体免疫力，增强对轮状病毒的免疫应答，并在其初乳及犊牛血清中检出较高的免疫球蛋白浓度和较强活性的轮状病毒抗体。

二、抗生素替代物在奶牛养殖中应用的挑战

虽然中草药添加剂、益生菌、有机酸、植物提取物、酶制剂和寡糖可通过不同作用机制影响瘤胃发酵、代谢途径和微生物区系，对生产性能产生积极影响，但在畜牧生产中仍不能完全取代抗生素。一方面，抗生素替代物具有多种作用方式，它们的作用效果易受反刍动物生理状况和饲养管理条件的影响，需要进一步研究以明确这些抗生素替代物作为饲料添加剂的使用阶段和用量；另一方面，部分抗生素替代物（如天然植物提取物）大多为非纯化制剂，其中含有多种结构及功能并不明确的天然生物活性成分，导致其有效剂量难以确定，且这些天然生物活性成分对反刍动物的影响也不明确，直接用作饲料添加剂存在一定的风险。有关植物提取物、益生菌和功能性寡糖的研究近年来逐步深入，都可提高反刍动物自身免疫机能，未来可在实际生产中起到替代抗生素的作用。此外，成本也是阻碍上述抗生素替代物推广使用的重要原因，在实际生产中可将抗生素替代物与常规抗生素配合使用以改善动物健康和提高生产性能。

合理使用抗生素，不断开发抗生素替代物，是保证畜牧业高质量发展的需要。并且，未来仍需要一个系统的方法用以评估抗生素替代物的功效和作用模式，将现代生物技术引进抗生素替代物研究，从细胞和分子水平上加强中草药添加剂的理论研究。需要注意的是，禁用抗生素仅是在饲料端禁止促生长类抗生素的添加，不是对抗生素的全盘否定，并不代表抗生素没有作

用，也不代表不使用，当下抗生素也应在治疗动物疾病时使用。抗生素替代物的研制是一个循序渐进的过程，综合遗传改良、营养技术和环境清洁才是"无抗"养殖的关键。

第七章　奶牛养殖与环境

随着人民生活水平的提高，对奶制品的需求量越来越大，质量要求也越来越高。为了提高牛奶质量和促进奶业健康发展，必须对环境等问题加以监控。奶牛的生长繁殖过程除了受到遗传和营养的影响外还会受到养殖环境的影响。正常情况下奶牛对养殖环境有一定的适应能力，奶牛对环境的变化比较敏感。在适宜环境下生长较好，但是在不适宜的饲养环境下会出现产奶量下降、繁殖率下降、发病率增高等问题，阻碍奶牛的生长潜力，降低饲料利用率，增加饲料投入，从而使饲料成本增加，生产成本增加，经济效益降低。目前，我国的奶牛规模化养殖技术不断完善，形成了完整的产业链，但是在养殖过程中还存在一些不足。如何为奶牛提供健康、舒适且能提高生产潜力的养殖环境，成为越来越多畜牧工作者关注的问题。随着畜禽规模化养殖的壮大发展，以及生产生活方式的改变，规模化养殖产生的粪污也在不断增加，已逐步成为农业污染的主要方式。规模畜禽养殖污染防治是生态文明建设进程中不可回避、不可忽视的问题。在谋求生态绿色发展的新时代大背景下，必须要紧紧树立畜牧业领域绿色健康发展的生态观，打好畜禽粪污处理和有效利用这场"硬仗"，不断推进畜牧生产与生态环保的有机协调发展。

第一节　环境的温湿度

奶牛为恒温动物，可以根据自身体温进行温度调节产热与散热，使之平衡，体温保持相对恒定来适应外界环境的变化。但是奶牛具有耐寒怕热的特点，对外界环境的温湿度比较敏感，其生理机能与生产性能都会受到不同程度的影响。在等热区内牛的新陈代谢与散热均为最小，此时健康状况、生产性能、饲料转化率均较好。环境湿度对奶牛也有很重要的作用，湿度通过影响奶牛体表水分散失来影响奶牛的散热。

随着我国奶牛养殖规模的增大和奶牛单产量的不断提高，生鲜乳市场供应的周期性问题也日益显现。生鲜乳生产与市场供应受区域环境与季节性变化的影响较为严重，每年6—8月，北方奶牛单产量普遍降低，从而影响国内生鲜乳的市场供应。因此，针对此现象开展了相关研究，结果显示，奶牛的日产奶量与温湿度过高导致的热应激关系密切。由于热应激，每年7月奶牛的日产奶量损失在0.7~4.0 kg，并且这一数值还会随着未来平均气温的升高而上升。环境改变引起的奶牛应激包括冷应激和热应激，热应激是指动物处于高温高湿的环境时，机体产生的热负荷超过散热能力。当机体处于热应激状态时主要表现为呼吸加快、体温升高、食欲降低、采食量下降、营养物质消化吸收能力减弱、机体内分泌紊乱、产奶量下降、乳品质降低等。

一、环境温湿度对奶牛生理及生产性能的影响

环境中的温湿度会对奶牛的呼吸频率、直肠温度、营养物质消化率、产奶量和乳脂率等造成影响。呼吸频率是衡量奶牛热应激的一个较为精准的指标，同时还与产奶量和体况等因素密切相关。有研究发现，夏季的呼吸频率和直肠温度均显著高于冬季。反刍动物的生理状况与单胃动物相差较大，对温度较为敏感，更易受到高温的影响。当外界环境温度升高时，奶牛会产生热应激，机体为了达到降低代谢产热的目的，会减少干物质采食量。高温高湿条件下除了降低干物质采食量还会影响营养物质消化率，这主要是由于高温导致交感神经兴奋，致使消化器官的血液循环减少，胃肠道蠕动速度减慢，排空速率减慢，同时消化腺功能受到严重抑制所致。当外界环境为20℃，奶牛的产奶量达到峰值，高于20℃时产奶量会降低，而且降低的幅度与热应激的程度及持续时间密切相关，一般降低10%~25%或以上，严重时可达40%~50%。温湿指数还会影响乳品质，夏季高温高湿环境，奶牛出现热应激时，牛乳中的营养物质如乳糖、乳蛋白、乳脂及固形物含量均会随着温度的增高而降低。

二、温湿度对奶牛行为学的影响

奶牛行为是对内外环境做出的反应，并通过视觉、嗅觉、味觉、听觉及触觉等感觉来实现，奶牛的护犊、寻母、斗殴、抢食、寻偶等行为都与感觉密切相关。能否自然地生活是奶牛福利的一个较难衡量的标准，在某些不利的自然状况下，如极端天气、疾病、捕食者等条件下会降低奶牛福利。所以有必要进行人为观察，去除不利因素。休息和反刍是奶牛最重要的两个活

动，饲养员可以通过观察奶牛的这两个行为，及时发现异常，改变饲养模式，科学饲喂，提高奶牛福利。动物的行为学指标一般是通过直接观察获得，相对于生理、病理等指标而言可以降低动物应激。因此奶牛的特定行为学既能表达内环境又能反映出奶牛的生理状况，因此观察动物指标也逐渐成为动物应激和动物福利的重要指标。对于奶牛来说，其行为主要包括站立、摄食、反刍、游走、卧躺、饮水、排粪和排尿等。外界的不适宜环境会引起奶牛的应激或者不良反应，奶牛的行为会受到影响，因此奶牛的健康状况可通过其行为表现展示出来。荷斯坦奶牛体型大、产奶量高、代谢旺盛、被毛发达、单位散热面积小，汗腺不发达，因此具有耐寒怕热的特点。众多研究表明，当环境温湿指数（THI）超过 72 时，奶牛会出现一系列的热应激反应，其维持行为受到影响。在夏季高温高湿条件下奶牛站立/游走时间显著增加，一方面会增加散热面积，另一方面奶牛会主动寻求阴凉舒适场所来抵御热应激的影响。另外，低温也会影响奶牛的行为学。奶牛体况评分（Body condition score，BCS）是用于评价奶牛膘情或营养吸收和能量代谢状况的一种方法，是推测奶牛整体生产性能，检验和评估饲养管理效果的一个重要指标。研究表明，夏季温度高，奶牛汗腺不发达，对奶牛体况和产奶量均产生不良影响。因此，可以通过对奶牛进行体况评分，判断奶牛健康状况，有助于在提高奶牛生产性能的同时进一步了解温湿指数对奶牛的影响，发现饲养管理中存在的不足，最大程度提高养殖经济效益。

三、温湿度对奶牛血清生化指标的影响

温湿度会对奶牛的血常规、抗氧化性能、应激激素、免疫功能等产生影响。动物体新陈代谢引起血液生化指标的改变，因此血液指标的变化能反映出动物的生理状况及新陈代谢情况等。血液由有形细胞和液体构成。血常规测定的是其中有形细胞的部分，包括红细胞、白细胞、血红蛋白、血小板等，机体的营养物质通过血液循环运输到所需部位。外界环境温度发生变化时，血液组成发生改变，内环境稳态被破坏。在内蒙古地区对冬季与秋季奶牛进行血常规检测时，发现在冬季低温慢性冷应激条件下，奶牛的外周血单核细胞数、淋巴细胞数和白细胞总数均有降低的趋势，且后两个指标发生了明显的变化。在正常状况下，奶牛体内自由基处于产生、利用和清除 3 个动态平衡状态。氧化应激时，体内的氧化与抗氧化系统失衡，会产生过多的活性氧和活性氮，造成机体的蛋白质和核酸等大分子物质发生损伤。在夏季高温高湿环境下，奶牛处于热应激状态时，其交感-肾上腺系统活动加强，机

体代谢稳态被打乱，氧自由基产量增多，抗氧化酶活力降低，从而造成自由基大量堆积，破坏机体氧化和抗氧化稳态，使得奶牛发生脂质过氧化反应。研究表明，当 THI>72，奶牛处于慢性热应激时，机体抗氧化性能降低，夏季奶牛血清超氧化物歧化酶（SOD）和谷胱甘肽过氧化物酶（GSH-Px）活力显著下降，丙二醛（MDA）水平极显著增加。应激影响了动物的生产和代谢等活动，激活了体内三大神经系统即交感-肾上腺髓质轴（SAM）、下丘脑-垂体-肾上腺皮质轴（HPA）和下丘脑-垂体-甲状腺轴（HPT），进一步分泌相关应激激素，包括皮质醇、肾上腺素、促肾上腺皮质激素、甲状腺素和胰高血糖素等，使机体尽快适应外界环境的改变。环境温湿度属于应激源的一种，能激活奶牛体内神经内分泌轴，改变体内激素合成及分泌状况。环境温湿度与奶牛的免疫机能存在紧密联系，热应激条件下，奶牛对病原微生物的感染率较高。热应激主要通过刺激下丘脑-腺垂体-肾上腺皮质轴，促进糖皮质激素的分泌，从而抑制淋巴细胞增殖，导致细胞免疫和体液免疫功能降低。

环境温度与湿度的变化不仅影响奶牛生产性能和健康状况，而且影响奶牛的行为及福利，使奶牛产生应激综合征，从而导致乳品质量的下降。目前的研究报道主要围绕通过检测环境的温湿度，分析奶牛的生产性能、直肠温度、呼吸频率和应激激素等来对奶牛的应激进行判断。

第二节　环境的气体污染

我国环境污染问题众多，其中最为主要的就是大气污染，在解决大气污染的过程中，需要投入大量的人力、物力和财力，但是最终的解决效果并不能令人满意。大气污染对于我国的环境造成了极为严重的影响，如果不对其进行科学合理的综合治理将会严重影响我国的快速发展。

一、奶牛养殖中的气体污染

奶牛养殖业是畜牧业的重要组成部分，在为人类提供大量优质乳制品的同时也为社会提供了大量的就业机会，促进了社会和经济的发展。奶牛养殖业在提高人民生活水平的同时也产生了一定的负面影响，那就是由此产生的环境污染问题，如不加以有效控制，必将影响奶牛养殖业自身的可持续发展，甚至对人类的健康造成威胁。未被奶牛消化利用的饲料成分以粪便形式排出，在厌氧条件下，粪便会产生大量氨气、硫化氢等恶臭和有毒气体，同时粪便的分解还会产生酚类、吲哚类和有机酸类化合物，这些气体对人和动物均有刺激性和毒性，轻则降低空气质量，影响人畜健康生存，重则引起呼吸道系统疾病，造成人畜死亡。牛的呼吸、打嗝和放屁等均会造成环境污染，呼吸、打嗝和放屁主要排出的是二氧化碳、甲烷和氨等气体，这些气体是造成温室效应的主要气体，其排放量甚至超过了汽车、飞机等交通工具所排放废气的总量。全球奶牛排放的甲烷气体占全球造成温室效应气体总排放量的18%，占全球甲烷排放总量的1/3，且甲烷加温效应为二氧化碳的20余倍。另外，奶牛生活场所内的粪便和霉烂物质散发的恶臭气体，加之高浓度的养殖污水排入江河导致水体富营养化，造成水生生物死亡以及尸体腐烂等。放出的恶臭气体主要包括硫化氢、二氧化硫、一氧化氮、二氧化氮、氨气和甲烷等，这些气体严重地影响着空气的质量，并加剧了温室效应和酸雨现象的发生，严重地破坏了生态环境。养殖场排出的粉尘和微生物，恶化养殖场周围大气和环境卫生状况，使人眼和呼吸道疾病发病率增加，微生物污染还可引起口蹄疫和炭疽、布氏杆菌、真菌孢子等的传播，危害人畜健康。

二、奶牛气体污染的防治措施

可以通过建场时的科学规划、合理布局和生产中的科学管理来实现减排目的，但是最根本的还是要提高奶牛对营养元素的利用率来减少污染物的排放，也就是常说的营养调控措施，包括平衡日粮和使用相关添加剂。奶牛养殖业产生的温室气体甲烷对温室效应的贡献越来越受到关注，在此方面的研究也越来越多。奶牛排出的甲烷是气体，产生后不好处理，因此主要是通过营养调控来减少甲烷排放。在日粮配方中改善奶牛的日粮结构，适当提高奶牛日粮的精粗比，将饲料适当粉碎或者制粒，可以改变奶牛瘤胃发酵模式，进而降低瘤胃发酵产物乙酸和丙酸的比例，加快饲料过瘤胃的速度，减少发酵时间，从而使得甲烷排放量降低。在奶牛的日粮中添加莫能菌素、脂肪、脂肪酸以及有机酸也是从提高丙酸产量来抑制甲烷生成的角度实现甲烷减排。反刍动物日粮添加硫酸锌驱除原虫，可显著降低甲烷产量，但纤维的消化率也随之降低。奶牛粪便会产生大量的污染环境的气体，因此要做好奶牛粪便的处理工作。要及时清理粪便，将粪便存放在地势高的位置，防止浸泡或流失。在粪便表面覆盖塑料膜、泥土和柴草等可有效降低臭气的散发。为了减轻奶牛场气味污染的危害，还可以在饲料或垫料中添加一些除臭剂。奶牛生产中应用较多的是在饲料中添加沸石粉，它可以选择性地吸附胃肠中的细菌及氨、硫化氢、二氧化碳等有害气体。同时，由于它的吸水作用，可以降低牛舍内空气湿度和粪便水分，减少氨气等有害气体的产生。规模化奶牛养殖场要建设与饲养量相适应的药浴或清洗清洁池，同时建立并执行程序化的洗消制度；引导散养户形成定期对奶牛进行清洗的习惯，可以有效降低异味造成的空气污染，也可以有效减少病菌的滋生，提高奶牛健康水平，从而提升养殖效益。

第三节　环境的固体废弃物污染

一、奶牛固体废弃物污染

固体废物不是环境介质，但往往以多种污染成分存在的终态而长期存在于环境中。在一定条件下，固体废物会发生化学的、物理的或生物的转化，对周围环境造成一定的影响。如果处理、处置不当，污染成分就会通过水、气、土壤、食物链等途径污染环境，危害人体健康。奶牛生产中的主要废弃物是粪便和污水，这是奶牛场的最大污染源，对土壤、水源的污染主要来源于此，有害气体如氨和硫化氢等也由此产生，还会导致蚊蝇滋生、臭味、疫病传播等问题。

奶牛养殖污水（包括牛舍冲洗水、挤奶消毒水及器具清洗水等）和固体污粪被降水淋洗冲刷后进入自然水体，使水中固体悬浮物（SS）、有机物、氮磷和微生物含量升高，并通过雨水的冲刷进入地表水源和地下水源，改变水体的物理、化学和生物群落组成，使水质变坏。在我国绝大多数是以集约化、规模化的奶牛养殖场为主，所产生的污水和尿液无法在养殖场附近地区消化，也没有成熟的利用方法，因此出现了大量养殖污水乱排放的现象，造成水体富营养化，导致藻类等水生植物过度生长，氧被大量消耗，引起鱼虾类的死亡，直接带来了生态灾难；另外，我国北方多数都是干旱、半干旱地区，水资源本来就匮乏，奶牛用水和污水排放的氮多以硝酸盐的形式存在，饮用水中含有过多的硝酸盐会对人体健康造成危害，严重污染地下水资源，也加剧了当地水资源的缺乏，直接影响人类生活用水和农田用水（图7-1）。

为促进生长和提高饲料利用率、抑制有害菌，会在日粮中添加各种微量元素添加剂，如铜、锌、砷等金属元素添加剂，而这些无机元素在畜禽体内

图 7-1　奶牛场的污水排放

（图片来源：https://5b0988e595225.cdn.sohucs.com）

的消化吸收利用率极低，大量被排出体外，并且奶牛的粪便排出量明显高于其他畜禽。动物粪便可为植物提供其生长所需的所有主要营养素（氮、磷、钾、钙、镁、硫）以及微量营养素（微量元素），因此可以作为混合肥料，其对农作物的肥效可以与矿物肥料相比较，并以效应系数表示。环境中的细菌等微生物无法百分之百降解粪便中的氯等有机成分，因而潜在增加了土壤污染的风险。长期超标准使用微量元素添加剂会导致重金属和有毒物质增加，不但会抑制作物的生长，还会通过富集作用造成更大的环境危害。大量未经无害化处理的污粪直接施入土壤，超过了土壤的自净能力，出现不完全降解和厌氧腐解，产生恶臭物质和亚硝酸盐等有害物质，引起土壤板结、地力退化等一系列土壤结构性变化问题，会破坏其原有的基本功能，降低土壤质量。含有大量养分和各种元素的污粪直接施用还会导致作物徒长、倒伏、晚熟或不熟，造成减产，甚至毒害作物，引起幼苗的大面积死亡，影响作物产量，最终造成农民经济损失。另外，通过施肥，种植作物会吸收这些有机成分，在食物链循环中，这些有机成分会聚集于某种动物体中，人类采食后会对身体健康造成威胁。此外，污粪中含有大量的病原微生物将通过水体或水生动物进行扩散传播，危害人畜健康。

二、奶牛固体废弃物污染防治措施

防止和治理奶牛养殖对生态环境污染的问题是非常迫切的科研课题，首要的是研究粪便、尿液和养殖污水等如何有效利用，从而让这些废弃物质得到充分利用，从而不再污染环境。对粪便和污水的有效处理是奶牛场环境控制和降低环境污染的关键，同时也与其资源化利用密切相关。针对奶牛场粪便和污水的处理问题，国内外有很多解决方案，其中粪便与污水分开处理是目前大家公认的原则。牛舍粪污的清除是奶牛场的日常工作，传统上采用人工干清粪方式，但这对规模化奶牛场来说将浪费大量人工成本。近年来新建的现代化规模奶牛场已采用机械清粪方式，刮粪板系统是目前最佳的解决方案，而铲车清粪则存在诸如能耗过高、工作空间受限、易对牛舍地面造成损伤等缺点。解决奶牛养殖对生态环境的影响需要政府相关部门出台相应的政策来支持研究团队的科学研究，并监督养殖场堆放粪便和非法排放尿液及养殖污水的行为，使奶牛养殖成为真正的生态化养殖。采用全新的方式规划奶牛养殖的未来，在提高奶牛单产的同时，必须更加深刻地认识和理解养殖废弃物对生态环境污染的严重性。

可以通过合理规划布局来防治污染，一方面可以确定优势畜禽产业，产生规模盈益，另一方面可以方便畜禽养殖污染治理，减轻规模化养殖快速发展带来的环境压力。积极推广标准化清洁生产，引进科学生产配方饲料，研发新型饲料生产技术，限量规范使用饲料添加剂，减量使用抗菌药物，提高畜禽生产效率，降低污染物排放量，实现生产过程清洁化，废物再生资源化。根据养殖规模，结合种植业产业结构特点，因地制宜地建设规模化沼气处理工程，试点建设生物天然气工程，开发沼气综合利用方式，持续增加沼气附加值，实现养殖户利益环保统筹兼顾。鼓励中小养殖户通过与种植大户建立种养合作关系，解决粪污无处利用的问题。加大环境监察和执法工作力度，对未依法开展环境影响评价、污染治理工作不完善、超标排放的养殖场，依法严肃查处并公开，责令限期整改，逾期整改不到位的，依法责令停止养殖活动，并通报金融等部门，列入黑名单。

第八章 奶牛常见疾病

第一节 犊牛常见疾病

一、犊牛便秘

(一) 病因

新生犊牛没有吮食或过晚吮食初乳，机体的消化功能受到影响；吮吸大量品质低劣的代乳粉或合成乳，导致消化不良或便秘；先天性发育较差或早产、体质瘦弱的幼犊，常因肠管弛缓，蠕动无力，也能造成胎粪秘结。

(二) 症状

犊牛便秘是犊牛比较常见的一种疾病，临床上呈现为排粪困难，且排粪需要较长时间或者经常变换排粪姿势。新生犊牛便秘是由于分娩前胎粪积聚较多，肠道内滞留时间较长所致。

(三) 防治

针对犊牛便秘通常有两种治疗措施，即西医和中医治疗。①西医治疗。犊牛在患病后，可使用肥皂水灌肠冲洗直肠，在灌肠时尽可能将灌肠器送至直肠深处，在输入液体时，将肛门用手指塞闭，避免灌入的液体流出，促使粪便软化。当灌入量适宜后，就可拿开手指，此时就会流出液体，其中往往混杂大量呈算盘珠样的硬结粪便。采用多次冲洗，直到直肠完全通畅为止。如果经过 1~2 h 还没有排出积粪，可向直肠内灌入 300 mL 液体石蜡或者植物油。在治疗过程中，可配合腹部热敷和按摩来缓解腹痛，当腹痛严重时可肌内注射 5~6 mL 30% 安乃近注射液。如果胎粪长时间滞留引起肠道发炎时，可配合使用消炎药和维生素 C 等进行治疗。还可灌服 40 mL 甘油或者 70~100 mL 石蜡油，1 次/5~7 h，治疗效果较好。②中医治疗。犊牛患病后，如果元气衰微，可适宜采取措施补元气，即取 10 g 人参、45 g 当归，加水煎煮后取药液分成多次灌服，或者取 15 g 茯苓、10 g 防风、20 g 生地黄、白芍 6 g、60 g 白术、升麻 6 g，加水煎煮后取药液分成 2 次灌服。如果食积化热，适宜采取措施清热通便，即取 10 g 大黄、10 g 牵牛子，全部研成细末，添加适量开水冲调后灌服，或取 15 g 生地黄、25 g 麦门冬、50 g 芒硝、20 g 玄参，加水煎煮后分成 2 次灌服。

二、犊牛腹泻病

犊牛腹泻（图 8-1）是奶牛生产中的主要疾病之一，具有高发病率、高死亡率、高治疗费用和低增长率等特点，可给奶牛场造成严重的经济损失。

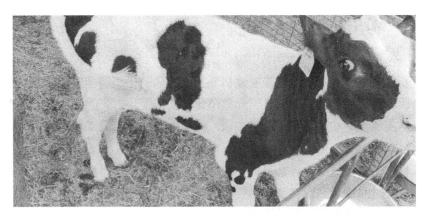

图 8-1　犊牛腹泻状态
（图片拍摄于河北省新乐市君源牧业有限公司）

（一）病因

引起犊牛腹泻的病因诸多且原因复杂，主要分为感染性腹泻和非感染性腹泻。感染性腹泻主要由细菌、病毒、寄生虫等引起。常见的细菌感染主要有大肠杆菌、沙门氏菌等，常见的病毒感染主要包括轮状病毒和冠状病毒。非感染性腹泻主要由外界环境引起，比如气候骤变或者寒冷、牛舍潮湿、通风不佳、舍内拥挤。另外当犊牛缺乏营养，比如饲喂蛋白质水平低、维生素不足的饲料，母牛乳房部位不干净，新生犊牛没有及时吮吸足够的初乳或者哺乳过少、过多、不及时等，也会导致腹泻。

（二）症状

临床症状：①孕期母牛管理不当易引起腹泻，其特征为发病初期，排便较稀且颜色以淡、灰黄色和灰白色为主，有时排水状便，或者在粪便中含有未被消化的凝乳块，犊牛的肛门以及周围被粪便污染严重。犊牛的体温正常，但心跳以及呼吸会稍快。②大肠杆菌引起的犊牛腹泻，其临床症状为体温高、精神萎靡，其粪便为蛋白汤样或水样，腹泻期间肛门外翻，常常伴随脱水或自体中毒等症状。③犊牛的病毒性腹泻。其最主要的特征就是突发性和传染性，病毒性腹泻传播迅速，且患病犊牛所排出的粪便颜色呈现出灰褐色，并混有血液和黏液等，病毒性腹泻通常伴随大肠杆菌感染，抗菌药物对病毒性腹泻无效。

（三）防治

由于引起犊牛腹泻的致病因素不同，所以应根据致病原因采取针对性治疗。①营养性腹泻，可用乳酶生治疗，通常使用 3~6 g，口服 2 次/d 最佳，此外，还可肌内注射百利星治疗，每头犊牛 10~20 mL，2 次/d。②细菌性犊牛腹泻，可用百利星 10~20 mL、地塞米松 5 mg 以及清宁 10 mL 混合后肌内注射，2 次/d。对脱水严重的犊牛，还应当考虑补水。③病毒性腹泻，可用仔泻康 10 mL 肌内注射，2 次/d。若犊牛由于病毒性腹泻导致出血过多，还应当考虑进行输血。

此外，预防重于治疗，在犊牛养殖过程中，应树立良好的防控意识、积极做好疫病防控工作，如在犊牛出生后 12 h 内，应及时对母牛乳头部位进行消毒，以确保犊牛能吃到干净无污染的初乳。对犊牛的饲养要做到科学、合理、定时和定量。饲喂的器具，如水槽、食槽等都要定期进行消毒。最后，还应当保证养殖环境的温度以及湿度，并且对牛舍内产生的垃圾粪便要及时进行清理且牛舍要经常通风。通过保证良好的养殖环境，能够将犊牛腹泻的几率降到最低。

三、犊牛佝偻病

（一）病因

佝偻病（图 8-2）可以分为先天性佝偻病和后天性佝偻病。

先天性佝偻病主要是指母牛在怀孕期间由于饲料搭配不当，缺乏青饲料或者维生素 D、钙和磷，导致胎儿在母牛体内无法获取足够的钙，进而影响胎儿骨组织的正常发育。

图 8-2　犊牛佝偻病状态

(图片来源：http://nyzj123.com/home/page/index/id/3046.html)

后天性佝偻病则可以分为营养不良性和病理性佝偻两种，主要病因包括以下 6 个方面。

（1）母乳中维生素 D 不足，代乳品中未添加足够的维生素 D，导致钙、磷吸收障碍。

（2）犊牛断奶后饲喂的日粮中维生素 D 缺乏，钙或磷含量不足或比例失衡，或者长时间饲喂多汁饲料、块根类饲料、麦糟、麦秸等导致血液中钙水平降低，以及饲喂种植在低磷土壤上的饲草料导致血液中磷水平下降，造成机体缺乏钙、磷或者摄取不足。

（3）缺乏运动，犊牛每天没有经受充足光照，导致体内维生素 D 的生成受到抑制。

（4）患胃肠疾病、肝胆疾病，长期拉稀，影响钙、磷和维生素 D 的吸收利用。

（5）日粮中蛋白或脂肪性饲料过多，代谢过程中形成大量酸类，与钙形成不溶性钙盐大量排出体外，导致缺钙。

（6）慢性肝、肾疾病或肾功能衰竭，可影响维生素 D 活化。寄生虫病（如绦虫病、蛔虫病等）可造成机体消化和吸收功能减弱。甲状旁腺机能代偿性亢进，造成甲状旁腺激素大量分泌，磷经肾脏排泄增加，引起低磷血症。

（二）症状

精神沉郁、喜卧、异嗜，常有消化不良症状。有时出现痉挛。站立时，拒绝走动，四肢频频交替负重。运步时，步样强拘。颜面增宽、隆起，鼻腔狭窄，吸气有所变长。骨骼弯曲、发生变形，骨硬度下降，变软变脆，且容易导致长骨发生骨折等。肋骨和肋软骨结合部呈串珠状肿胀。四肢关节肿胀、骨端增粗、骨骼弯曲，呈"O"状或"X"状姿势。肋骨扁平，胸廓狭窄，胸骨呈舟状突起而形成鸡胸。牙齿发育不良，排列不整，易形成波状齿。牙齿无法完全咬合，发生口裂而无法完全闭合，并伴有采食、咀嚼不灵活。生长发育延迟，营养不良，贫血，被毛粗刚、无光泽，换毛迟等。肌肉和肌腱的张力变小，腹部明显下垂。被毛粗硬，失去光泽，换毛延后。部分患病犊牛会表现出神经症状，如神经过敏、抽搐和痉挛等。

（三）防治

防治关键是补充钙、磷和维生素 D，单纯补充钙、磷效果不理想，配合维生素 D 可提高疗效，促进钙磷吸收，并且需要保证日粮中钙、磷的含量比例适中。

（1）补充维生素 D。皮下或肌内注射维生素 D_3 5 000～10 000 IU，1 次/d，连用 1 个月，或者 80 000～200 000 IU，2～3 d 一次，连用 2～3 周即可。病牛可内服 15～20 mL 鱼肝油，每天 1 次，但出现腹泻时要立即停止使用；肌内注射 400 000～800 000 IU 骨化醇，每周 1 次。

（2）补充磷。补充含磷多的饲料，如麦麸、油饼和青草等，适当增加精饲料的喂量，推荐精饲料配方为：53%玉米、20%豆饼、18%糠麸、0.5%食盐。同时，控制日喂量中至少有 70%为品质优良的青绿饲料和青干草，减少饲喂稻草、麦秸以及品质较差的饲草；添加磷制剂，磷 0.02～0.05 g，溶于 15 mL 鱼肝油中，一次内服；20%磷酸氢二钠 300～500 mL 静脉注射，1 次/d，连用 3～5 d。

（3）补充钙。轻症，肌内注射维生素 D_2 40 000～80 000 IU，1 次/周。内服碳酸钙 5～20 g，或乳酸钙 5～10 g，或磷酸钙 2～5 g，1 次/d。内服维生素 D_2 磷酸氢钙片，或皮下或肌内注射维生素 D_2 胶性钙液 5～10 mL；重症采用突击剂量注射维生素 D_2 400 000 IU，分 2～3 点肌内注射，1 次/周，连用 2～3 周。同时用 10%氯化钙溶液 5～10 mL，或葡萄糖酸钙溶液 10～20 mL，静脉注射，1 次/d。

（4）肌内注射 20 mg 地塞米松酸钠注射液，1 次/d，连续使用 7 d。地塞米松属于肾上腺糖皮质激素，抗炎作用非常强，不仅能够缓解炎症部位的水肿、渗出，减轻红、肿、热、痛等，还能够防止毛细血管在炎症后期出现增生，缓解或者避免发生粘连。

（5）肌内注射肾上腺皮质激素能促使胃壁细胞增加，促使机体增加分泌胃蛋白酶和胃酸，导致胃和十二指肠黏膜对迷走神经兴奋的反应性保持正常。因此，能够改善机体吸收矿物质及维生素 D 的能力。

（6）四肢弯曲严重的犊牛，可装固定的夹板绷带，辅助负重，以利矫正。

四、犊牛肺炎

（一）病因

犊牛肺炎（图 8-3）具有一定的季节性，多发生于秋季和春季，在昼夜温差较大的春秋季节，犊牛在冷热交替变化的不断刺激下易引起肺部炎症。在冬春季节，圈舍中的温度冷热交替会不断刺激犊牛身体，造成严重的应激反应，进而导致肺炎疾病发生。其中刚出生到 2 月龄的犊牛是肺炎高发群体。

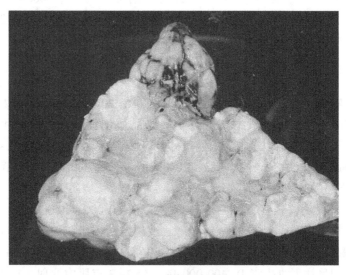

图 8-3　犊牛肺炎病变

（图片来源：https：//www.163.com/dy/article/FDI16KH00532H6NY.html）

犊牛肺炎的发病原因十分复杂，通常由多种致病因素共同感染引起。疾病发生存在一定诱因，包括潮湿寒冷、气候骤变、环境卫生差、致病菌感染及发育不良等。

（1）环境因素。冬季圈舍潮湿寒冷，如果圈舍的温度下降到8℃以下，湿度超过75%也很容易造成低温高湿刺激，引发肺炎疾病。如果受到雨雪侵袭，如伤风感冒发热也可以引发肺炎疾病。此外，养殖环境氨气浓度较高、舍内通风不佳、饲养密度大，这些因素都会严重影响犊牛呼吸道健康。没有定期开展圈舍消毒工作，垃圾和粪便未及时清理，都可能给病原微生物提供滋生和传播条件，犊牛容易出现肺炎。

（2）病原微生物感染。犊牛感染了昏睡嗜血杆菌、肺炎链球菌、溶血性巴氏杆菌、结核杆菌、衣原体、支原体等病原微生物，都可能引发肺炎。

（3）自身发育。肺炎疾病的传播流行主要和犊牛的呼吸器官发育不健全、各个功能不完善有很大联系。犊牛出生后未及时饲喂初乳，或者初乳品质较差、量不足，也会直接降低犊牛的免疫力和抵抗力，易感染肺炎。

（二）症状

（1）支气管肺炎。发病初期表现为细支气管炎或者弥漫性支气管炎的症状，包括食欲减退或者食欲废绝，精神沉郁，患牛体温快速升高至40～41℃，有痛苦感，头和脖颈呈伸直状态，呼吸很快且浅。进一步发展病情后，患牛一部分肺叶出现变硬的变化，造成不能进出空气的问题，失去肺泡音，呈腹式呼吸运动特点，严重呼吸困难并伴有眼结膜发绀。急性支气管炎通常会出现咳嗽、食欲减退及头部低垂等症状，近距离观察还会发现病牛存在较为严重的喘气症状，鼻孔有脓性黏液，嘴角出现白沫，以及腹部呼吸等问题。对于慢性肺炎犊牛，其通常会出现咳嗽加剧及呼吸困难等症状，生长发育变慢，但体温处于正常水平。有的病牛还会出现皮毛粗乱、目光呆滞的症状，其病程时间较长。

（2）异物性肺炎。由于误咽导致肺部或者气管吸入异物，很快便有咳嗽、呼吸急促、精神不振的表现。涉及误咽则会在更短时间加剧呼吸困难，伴有泡沫样鼻汁流出，最终因窒息引起死亡。摄入腐败化脓细菌（多来自饲料中）或者腐蚀性药物，犊牛则有可能出现继发化脓性肺炎病症，大量脓样鼻汁流出，呼吸困难伴随高烧咳嗽，且可以在犊牛呼吸时闻到较严重的恶臭气味。

（三）防治

犊牛肺炎选择中西药联合治疗能起到很好的治疗效果，结合患病牛的临床症状,具体的治疗方案在制定上必须要结合实际病情症状而行,严格控制用药量。

(1) 西药主要采用强化补液、预防继发感染的原则进行对症治疗,治疗需要针对炎性产物吸收、制止炎性产物渗出、控制继发感染和抗菌消炎,做好对症治疗。常用药物包括补液类、强心类这些辅助配合使用药物,还有磺胺类、抗生素类为主的治疗药物。选择使用 0.9% 的氯化钠注射液、10%的葡萄糖注射液、硫酸庆大霉素、30% 的安钠咖注射液、复合维生素 B 注射液、维生素 C 注射液,使用剂量分别为 100 mL、200 mL、2 mg/kg 体重、10 mL、10 mL、10 mL,将上述药物混合后静脉注射,1 次/d,连续使用 3 d 为 1 个疗程。可以让患病牛口服或静脉注射双黄连注射液,使用剂量为 30 mL,并配合其他抗生素治疗。如果犊牛出现大叶性肺炎并伴随明显的出血症状,要注射止血敏注射液,1 次/d,连续使用 5~7 d。

(2) 中药主要选择使用麻杏石甘汤联合银翘散加减治疗,板蓝根 10 g、连翘 10 g、麻黄 6 g、黄芩 10 g、杏仁 10 g、银花 10 g、石膏 40 g、沙参 10 g、桑皮 6 g、桔梗 6 g、甘草 10 g、麦门冬 6 g,将上述药物共研为末,添加到适量开水中冲服,每天上午和下午各 1 次,连续使用 4 d 为 1 个疗程。采用上述治疗手段,通常治疗 3~5 d 后,患病牛临床症状即可消退恢复。

五、犊牛传染性鼻气管炎

(一) 病因

牛传染性鼻气管炎 (图 8-4) 又称坏死性鼻炎或者红鼻病,是由疱疹病毒引起的。不同年龄不同品种的牛都可以受到病毒的侵染,但是多发于 20~60 日龄犊牛。在发现犊牛患有该类疾病时最好予以扑杀或淘汰处理。自然感染潜伏期一般为 4~6 d,人工感染 (气管内、鼻内、阴道滴注接种) 时,潜伏期可缩短至 18~72 h。

(二) 症状

(1) 呼吸道型。年龄较小的牛发病过程较快,初期体温升高到 42℃,精神状态逐渐变差,从眼角流出清澈液体,口腔流出大量泡沫状的内容物,鼻黏膜高度充血,外观呈现火红色,俗称红鼻子,并伴随黏膜坏死。随着病情进一步加重,患病牛呼吸极度困难,呼出的气体恶臭难闻。犊牛常因窒息或继发感染而死亡。

(2) 结膜角膜型。一般无明显全身反应,有时也可伴随呼吸型一同出

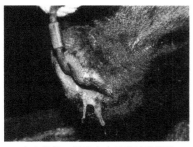
病牛发热，鼻流出多量黏性分泌物

鼻腔流出脓性分泌物，口流涎

气管黏膜出血，喉头出血，有假膜

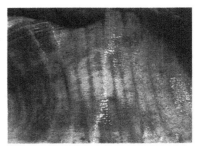
口腔上腭出血

图 8-4　犊牛传染性鼻气管炎症状

（图片来源：https://image.baidu.com/）

现。主要症状是结膜角膜炎。表现结膜充血、水肿，并可形成粒状灰色坏死膜。角膜混浊呈云雾状，流黏液脓状分泌物。

（3）脑膜炎型。易发生在 4~6 个月大的犊牛上，主要表现为共济失调、兴奋、口吐白沫、角弓反张、磨牙、四肢肌肉僵直，死亡率高达 50%。

（三）防治

预防本病的关键是加强饲养管理，严格执行检疫制度，不从有病地区引进牛，确需引进时必须按照规定进行隔离观察和血清学试验，确定未被感染才可引进。发病后对于疫情尚未广泛蔓延时，要根据具体情况逐渐将病牛淘汰或进行扑杀，并做好无害化处理工作。

六、球虫病

奶牛球虫病是孢子虫纲艾美耳科艾美耳属的多种球虫引起的严重急性肠炎、血痢等为特征的寄生虫病，多发于哺乳犊牛和断奶犊牛，一旦发生很容易造成大规模感染，造成巨大经济损失。

（一）病因

奶牛球虫病由艾美耳球虫引起，主要危害 6 月龄以下的犊牛，多发于 3—9 月，以稻草、秸秆等为垫料的小群饲喂的断奶犊牛易感染和发病。寄生于牛的各种球虫中，以邱氏艾美耳球虫、斯氏艾美耳球虫的致病力最强，而且最常见。邱氏艾美耳球虫寄生于牛的直肠上皮细胞内，有时也可寄生于盲肠与结肠下段，斯氏艾美耳球虫寄生于牛的肠道。

（二）症状

犊牛感染时潜在期约为 1 周，发病多为急性型。急性感染的典型症状是腹泻并伴有黏液和血液、食欲下降、精神沉郁、体温升高至 40~41℃。由于血便自肛门流出，因此在肛门周围有暗红色污染；牛场奶牛感染的显著症状表现为粪便稀薄、身体状况不佳、生长慢而且毛发杂乱，粪便中很少夹带黏液和血液，表现为豌豆汤状的黏稠度。典型病例中牛的会阴、尾巴和肘关节都粘有粪便。尽管牛群中很多牛只受到感染，但只有严重感染的牛出现明显症状。

（三）预防

1. 预防措施

（1）消除传染源。定期更换新的垫草，保证饮水清洁，做好卫生管理工作。及时清理粪便，清理后的粪便做无害化处理，如堆积发酵、发酵塔发酵等，不论哪种方法，一定要将粪便中的虫卵杀死，以防污染环境、饲料、饮水等，以免引起奶牛发病。

（2）消毒处理。定期或不定期对奶牛舍及周围环境进行消毒，可用酚类消毒药按一定的比例进行消毒，一般为消毒 1 次/1~2 周，发病期 1 次/d。

（3）饲养管理。成年牛多是球虫的携带者，若与犊牛混养则极易使犊牛感染。因此，如有条件，犊牛应与成年牛分群饲养。

（4）预防性用药。建议奶牛养殖者每年 3—4 月用抗球虫药进行预防性驱虫。如安普罗铵、莫能菌素、拉沙洛西、地考喹酯类等，按照说明书的剂量添加到饲料和水中使用。

2. 治疗措施

（1）氯苯胍 10 mg/kg 体重，加入奶、水、饲料中给牛饮用和采食，1 次/d，连用 2 周。

（2）口服氨丙啉 25 mg/kg 体重，1 次/d，连服 1 周。

（3）百球清（妥曲株立）经口灌服，剂量 3 mL/10 kg 体重，投服 1 次。

（4）磺胺二甲氧嘧啶 100 mg/kg 体重、鞣酸蛋白 5~7 片，混合加水灌服，3 次/d，连用 4 d。

（5）血便严重者，用安络血 10 mL、维生素 K_3 100~200 mg，肌内注射。

（6）体力衰竭的犊牛，用 5% 葡萄糖生理盐水 500 mL、复方氯化钠溶液 250 mL、10% 安钠咖 10 mL、5% 碳酸氢钠溶液 300 mL 和复合维生素，静脉滴注。

第二节　泌乳牛常见疾病

一、口蹄疫

口蹄疫（图 8-5）属于微 RNA 病毒科，有 7 个血清型，每一种均具备较强的传染性及危害性，尤其是 O 型口蹄疫，其传染性最强，发病率最高。偶蹄动物易感，牛最易感，马有抵抗力。健康牛感染口蹄疫病毒后，其食欲明显下降，精神状态不佳，检查其口腔黏膜、蹄部以及乳房等部位，可以发现有水疱。同时，在病牛的胃肠道黏膜、气管、咽喉等部位也会出现很多烂斑和溃疡，形状通常是圆形。另外，病牛心肌部位也会发生一些病变，在其心包膜上能够看到很多点状或弥散性的出血点。把心肌切开能够看到一些斑点还有条纹，颜色是黄色和白色的。该病的主要传染源就是患病牛和带毒牛，健康牛直接接触病牛可导致发病，或者间接接触被病牛所污染的饲料、草料、饮水、槽具等，均可感染口蹄疫病毒。

综上所述，在奶牛养殖中，口蹄疫是头号杀手，严重危害牛群的健康生长及养殖业的稳定发展。基于此，养殖场户要高度重视防疫工作。通过分析奶牛口蹄疫的流行特征，并探讨该病的防疫要点，可为实现对奶牛口蹄疫的有效防控，降低发病率，保证奶牛养殖业的良好发展。

二、结核病

奶牛结核病是由牛型结核分枝杆菌引起的人畜共患的一种高致病性传染性疾病，其流行情况呈逐年上升趋势，该病可导致患病奶牛出现肺结核、肠结核和淋巴结核等多种疾病，相关临床症状与发病部位有关，对人畜健康威胁巨大，严重影响着奶牛养殖业的发展，威胁着消费者的身心健康。世界动

图8-5　牛口蹄疫症状

（图片来源：https://image.baidu.com/）

物卫生组织（OIE）将其列为必须报告的动物疫病，我国将其列为二类动物疫病。

（一）病因

结核分枝杆菌可感染多种哺乳动物，如绵羊、猪、猫、奶牛和犬等，且奶牛为最易感染动物。患病奶牛的粪尿、鼻腔分泌物、生殖腔分泌物及乳汁中均存在病菌，这些物质为主要传染源。健康牛群可因接触带有病菌的饲料、水源、空气等而被感染，犊牛则易因吮食带病菌乳汁而受到感染。除此以外，此病的发生没有明显的区域性和季节性，多发于饲养管理水平低、空气潮湿、通风性较差的奶牛场。

（二）症状

奶牛患病后的主要临床症状为多种脏器和器官形成结核节或者干奶酪状的坏死病灶，以肺结核、乳房结核和肠结核最为常见。由于结核分枝杆菌可随鼻汁、痰液、粪便和乳汁等排出体外，因此健康奶牛或通过被污染的空气、饲料、饮水等经呼吸道和消化道被感染，亦可经胎盘传播或交配繁殖被感染。此病潜伏期一般为10~45 d，亦可长达数月或数年，通常呈慢性发病过程。

（1）肺结核病。患病奶牛感染初期出现干咳、乏力，难以觉察；随着病情加重，其体温升高、咳嗽加重、呼吸急促，呼出气体难闻，具有腐臭味。

（2）乳房结核病。患病奶牛乳房淋巴结肿大，两侧乳房大小不一致，表面凹凸不平，日产奶量减少，且品质差。

（3）肠道结核病。患病奶牛食欲减退，采食量下降，部分奶牛会出现腹泻或便秘等临床表现。

（4）淋巴结核病。患病奶牛淋巴结肿大，且因淋巴结肿大而压迫周围组织，引起相应的疾病。

（三）防治

（1）疾病监测，坚持净化。养殖人员须向当地防疫部门认真登记奶牛真实数量，对奶牛进行逐一户口登记；每年需定时对奶牛进行结核病流行情况监测，尤其是结核病暴发频繁时期，更需要加大对奶牛结核病的监测频率，对阳性奶牛进行上报、扑杀和无害化处理，对疑似阳性奶牛进行再次监测，若为阴性则进行短时间隔离饲养，无明显临床症状则与其他健康奶牛群混养，若为阳性，则上报、扑杀及无害化处理，以期该病在奶牛场内得到遏制和净化。

（2）提高疫病防控意识。当地防疫部门和养殖户必须提高奶牛结核病防治意识。提高奶牛饲养管理水平，定期对牧场栏舍及用具进行消毒；若购入新奶牛，需先进行隔离饲养和疫病监测，无异常后再与奶牛群混养。

三、布鲁氏菌病

布鲁氏菌病，临床上亦简称为布病，是由布鲁氏杆菌引起的一种分布广泛、传染性强、具有严重危害的人畜共患传染病，且人类感染后，可能长期不愈并反复发作，对奶牛养殖业和公共卫生安全影响巨大。奶牛患病后其生殖系统易受损害，以母牛发生流产和不孕，公牛发生睾丸炎、附睾炎、前列腺炎、精囊炎和不育为主要特征，其中流产是该病的典型临床表现之一。

（一）病因

奶牛布鲁氏菌病的病原为布鲁氏菌属的牛种布鲁氏菌。牛种布鲁氏菌也称流产布鲁氏菌，牛为其主要宿主。本病传染性极强，不同种别的布鲁氏菌既可以感染其主要宿主，又可以相互转移。布鲁氏菌为革兰氏阴性细菌，外形短小，形态呈球状、卵圆形或球杆状，传代培养后渐呈短小杆状。无鞭毛、不形成芽孢，不具有运动性，寄生于细胞内，其毒力菌株有薄的荚膜。

（二）症状

布鲁氏菌病的潜伏期最短为两周，最长可达半年。怀孕母牛流产是该病的主要表现，也是诊断此病的常见症状之一，其中大部分流产发生在妊娠期6—8月，亦可发生于妊娠的任何时期。受孕母牛流产前，常表现为精神沉郁、食欲减少、起卧不安、阴唇肿胀、阴道内流出灰褐色或黄红色的黏液，个别奶牛出现乳房肿胀。母牛流产时胎衣经常滞留，生产死胎和弱胎。公牛感染发病主要以睾丸炎及附睾炎为特征，公牛睾丸肿胀，有热痛感，膝关节和腕关节等处发生关节炎、滑液囊炎以及腱鞘炎，严重跛行，行走困难。

（三）防治

（1）增强引导宣传力度，树立科学防范意识。通过印发宣传手册，召开专题技术研讨会，举办技术培训班等形式普及奶牛布鲁氏菌病的防治知识，提高从业人员对该病的认识程度。推广以"预防为主，治疗为辅"的综合防治方法，建立有效的反应机制，自觉加强防护意识和落实防疫措施。

（2）提高科学饲养水平，增强奶牛的抗病能力。通过科学配比奶牛日粮，提供营养均衡的营养补给，以提高奶牛生产和抗病能力。同时，坚持自繁自养原则，坚决做到不对疫区或发病牛群进行引种。必须引种时，应将新购奶牛隔离饲养45 d，若奶牛布鲁氏菌病检疫检查结果为阴性，方可进行混群饲养。坚持定期检疫原则，对失去饲养价值的奶牛，要及时做淘汰处理。针对检疫阳性母牛所产犊牛要进行隔离饲养，饲喂健康牛乳或巴氏杀菌乳，在第5和第9月龄时各进行1次检疫，若两次结果全部阴性则为健康犊牛，可解除隔离。此外，需定期对牛舍、运动场、饲槽及各种器具进行彻底消毒，对流产的胎儿、胎衣以及分泌物进行无害化处理，以切断传播途径。

（3）免疫接种对预防该病发生具有一定作用。目前，用于预防奶牛布鲁氏菌病主要以弱毒活疫苗为主，且进行免疫接种、采血等操作时，需做到一畜一针，避免交叉感染。健康奶牛接种疫苗后可产生体液免疫和细胞免疫两种免疫应答，体液免疫产生的高滴度血清抗体可将病原中和，降低其对组织器官的侵害程度；细胞免疫最终将受侵染的细胞裂解，病原被释放入血液，再被血清抗体中和，最终被彻底清除。

四、奶牛炭疽病

（一）病因

炭疽杆菌是一种革兰氏阳性大杆菌，也是体型最大的一种致病菌，长度为3~8 μm，宽度为1~1.5 μm，无法运动。该菌可以短链状的形式，即一个或者几对排列在一起出现在血液中，导致菌体比较粗大，两端平截，并形成明显的荚膜；还可以长链状排列，如同竹节状，较难形成荚膜。该菌具有较差的抵抗能力，放在培养皿中经过 2~5 min 煮沸就会立即死亡，如果在夏季发生腐烂情况下会在 24~96 h 内发生死亡。另外，菌体形成芽孢后会具有非常强的抵抗力，其直接在太阳光照射下能够存活 4 d，在干燥条件下能够存活长达 10 年，而在土壤中能够生存 30 年之久。在试验中，该菌经过 1 h 煮沸只能够检出少量芽孢，在 100℃温度经过 2 h 加热才能被完全杀死。此外，菌体形成芽孢后在不同消毒液中的生存时间也不同，如乙醇无法将其杀死，在 3%~5%石炭酸中作用 1~3 d 可被杀死，在 3%~5%来苏尔中作用 12 h 或者 24 h 可被杀死，在 4%碘酊中作用 2 h 可被杀死，在 0.1%氯化汞、2%福尔马林中作用大约 20 min 就可被杀死，尤其是在添加有 0.5%盐酸的 0.1%氯化汞中只需要 1~5 min 就可被杀死。

（二）症状

最急性型，主要特征是潜伏期非常短，一般感染后经过几分钟到几小时就会表现出症状，往往会在放牧过程中突然昏厥、呼吸困难，并会伴有天然孔出血和黏膜呈紫青色等症状，接着快速倒地死亡。急性型，病牛体温明显升高，能够超过 41℃，初期呼吸急促，心率加快，食欲废绝，反应迟钝或者没有任何反应；症状严重时会发生瘤胃膨胀；如果在颈、胸和腰部感染病菌，会促使机体过度兴奋，走动不稳、摇摆。病程通常持续 1~2 d。亚急性型，病牛表现出在皮肤、口腔或者直肠等部位发生局部炎性水肿，开始时存在一定的硬热痛感，后期会变冷，且没有痛感，且往往会出现炭疽痈，病程能够持续数天，甚至超过 1 周。

（三）防治

（1）免疫预防。预防奶牛炭疽病的主要措施是给牛群定期进行免疫注射，可每年定期接种无毒炭疽芽孢苗，大于 1 岁的奶牛每头接种 1 mL，而小于 1 岁的奶牛每头接种 0.5 mL，或者使用 Ⅱ 号炭疽芽孢苗，且任何年龄都接种 1 mL。

（2）应急处理。对于发现病死牛的地区要立即划定疫点，一般从该处边缘向外扩展 3 km 的范围内都为疫区，而从疫区向外扩展 5 km 范围内都为受威胁区。病死牛及其污染的垫料、饲料等都必须进行无害化处理。病死牛污染的牛舍要使用 5%福尔马林进行 3 次喷洒消毒，也可使用 20%漂白粉液进行喷雾消毒，一般每平方米使用 200 mL，作用 2 h。

（3）药物治疗。发病早期，成年病牛可进行腹腔、皮下或者静脉注射

100~300 mL 抗炭疽血清，治疗效果良好；如果注射后体温依旧没有降低，可经过 12~24 h 再注射 1 次。磺胺嘧啶是磺胺类药物中治疗炭疽病效果最好的药物，病牛可静脉注射 80~100 mL 20% 的磺胺嘧啶钠，每天 2 次，且体温降低后要继续注射 1~2 d。

五、奶牛乳腺炎

(一) 病因

微生物感染是奶牛感染乳腺炎（图 8-6）的主要原因，主要的病原菌有金黄色葡萄球菌、链球菌等。首先，在养殖过程中，如果圈舍的卫生环境不合格，圈舍潮湿阴冷，饲养条件和卫生条件不好，饲养密度大等都可能引发奶牛乳腺炎。其次，奶牛乳腺炎的发生和身体内缺乏维生素也有直接的关系，可以在奶牛饲料中加入一定量的维生素，提高奶牛的免疫力和抵抗力。再次，突然更换饲料，导致奶牛体内菌群失调或者新陈代谢失调也容易引发该病，饲料变质亦是引发该病的主要原因之一。在人工挤奶的过程中，没有对使用的挤奶工具进行彻底的清洗消毒处理或者操作不规范都可能引发奶牛乳腺炎。此外，调查研究显示，肺结核和布鲁氏菌也会引发奶牛乳腺炎。

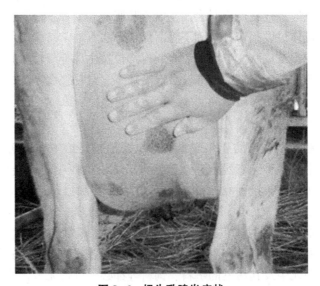

图 8-6 奶牛乳腺炎症状

（图片来源：https://www.sohu.com/a/100219173_445547）

（二）症状

（1）临床型乳腺炎。该种类型乳腺炎的症状比较明显，通常情况下，患病牛呈现急性发病的特点，患病牛的体温升高，精神不振，食欲下降或者不进食，有些患病奶牛乳房坚硬，产奶质量下降或者停止产奶，乳汁中含有白色絮状凝乳块。

（2）亚临床型乳腺炎。该种类型乳腺炎的症状不是很明显，呈现慢性发病的特点，并且病程时间长。对患病奶牛进行检查可以发现其乳房有硬块，将乳汁挤出之后，上层为水样物，而下层是乳脂，能够观察到沉淀物，如果对乳汁进行实验室检查的话，可发现其中白细胞增加。

（3）非临床型乳腺炎。该种类型乳腺炎没有比较明显的临床症状，故被称作隐性乳腺炎，不能通过肉眼观察到乳汁和乳房的变化，但是泌乳量会下降。如果对乳汁进行实验室检查的话，可发现乳汁内的细胞数量增加，并且细菌数超标。

（三）防治

可以选择肌内注射庆大霉素或者鱼腥草，其主要作用为镇痛消炎。可注射一定量的青霉素、链霉素和普卡因，将其注射到奶牛乳房。在奶牛挤完奶之后，其注射一定量的氯唑西林钠和氨苄西林混悬剂，连续使用 3 d。此外采取中草药治疗方式也比较有效，选择一定量的青皮、陈皮和甘草，加入一定量的金银花和蒲公英，煎药后取药液，兑水之后饮用，连续使用 7 d，能够取得比较好的效果。

对病情比较严重且治疗不显著的病牛，应及时淘汰，对低产和慢性乳腺炎的病牛，也需及时淘汰，防止对其他健康牛造成不利影响。加强对牛场的饲养管理，定期对牛舍进行清洁和消毒处理，定期清理牛舍中的粪便，对粪便采取堆肥发酵的方式，提高资源的利用效率。定期更换垫草，保证圈舍的干净卫生。选择低毒、低残留和无刺激的消毒剂，保证消毒的效果，在疾病的高发期，可以适当增加消毒的次数。在进入干奶期之后，可以对乳房注射一定量的青霉素和链霉素，能够有效地预防奶牛乳腺炎。新引进的奶牛，要采取隔离喂养的方式，检疫合格之后才能够混群饲养。规范挤奶流程。在挤奶操作之前，需要使用消毒液对乳房进行清洁，保证乳房部位的干净卫生。在挤奶完成之后还要进行药浴擦拭，避免出现感染。采取疫苗接种的方式也能够有效地减少该病的发生，是预防该病的重要措施，在完成疫苗注射后，可以在奶牛的饲料中加入一定量的黄芪多糖和维生素等物质，以增强奶牛免疫力和抵抗力。

六、肢蹄病

肢蹄病是奶牛四肢和蹄部疾病的总称，是奶牛的三大疾病之一，会使奶牛体重、产奶量下降，繁殖能力降低，增加奶牛的淘汰率以及奶牛场对奶牛疾病的治疗费用。采取相关预防和治疗措施，可有效降低肢蹄病的发生，提高奶牛生产力，保障奶牛场获得理想收益。

1. 病因

微生物感染是肢蹄病发生的重要原因，主要致病菌为节瘤拟杆菌和坏死厌气丝杆菌。前者能够产生蛋白酶，使奶牛蹄部的角质层被消化，降低奶牛蹄底层的硬度。后者病菌与其他病菌发生协同作用，使奶牛蹄部发生溃疡、化脓以及腐烂，对奶牛蹄部伤害较大；奶牛肢蹄病还与遗传因素有关。牛蹄的性状有一定的遗传力，比如蹄踵过高、趾骨畸形、蹄壳薄软等都会遗传，遗传性状会影响其对肢蹄病的易感程度，如荷斯坦牛是典型蹄壳薄软的种群，加之躯体庞大，肢蹄所受到的压力较重，更加容易磨损；奶牛肢蹄病也与环境因素有关。为降低牛舍温度而过度喷淋时，排水不及时导致舍内地面潮湿、积水严重，牛蹄长期处在潮湿环境中容易使奶牛蹄部角质层变软而发生感染；剩料不能及时清理，容易发酵滋生病菌；牛舍内粪便堆积，加上潮湿，容易引起发酵，产生氨，氨会导致牛蹄遭受腐蚀，使蹄壁变薄，容易引起趾间腐烂；奶牛场多为圈栏式饲养，地面大多是水泥硬化地面，这种地面往往硬度很大，而奶牛体重大而缓冲力小，容易使奶牛四肢疲劳，角质磨损，造成蹄部损伤感染；营养水平也会导致奶牛肢蹄病发生，如日粮缺乏钙、磷，或钙磷比例失调，以及锌元素、维生素 A、维生素 D、维生素 E 缺乏等。

2. 症状

根据发病位置，可分为蹄底疾病、蹄壳疾病及蹄趾间疾病。蹄底疾病包括蹄部损伤和双蹄底，蹄部损伤表现为牛蹄底部出现紫色瘀斑，若没有得到及时治疗会逐渐破损溃烂；双蹄底病症，是牛蹄底部又多出一层蹄底，双蹄底的夹层内多夹满碎石子或泥浆；蹄壳疾病表现为蹄壳裂缝、蹄壳表面腐烂；蹄趾间疾病表现为牛蹄两趾间发生腐烂，流出脓性液体，气味恶臭，会有瘤状物增生现象，使牛两趾不能正常并拢。总的来说，奶牛发生肢蹄病会出现跛行现象。初期奶牛用患病肢蹄不断敲打地面，因为痛痒不能长时间站立，或者直接俯卧；如果长时间未得到有效治疗，会表现出烦躁、易怒，跛行明显或拒绝站立行走，甚至导致采食量下降，精神状态不佳，头低垂，体重下降。

3. 预防

（1）预防措施。①选育调控。加强选种工作，选育健康的牛只。在奶牛遗传改良、品种选育时，要注意肢蹄性状，选择肢蹄健壮、蹄形合格的公牛。②环境调控。对奶牛舍进行定期清扫、消毒，粪便定期清理，防止堆积，在多雨或者夏季开启喷淋时要增加清理的次数，避免奶牛蹄部长期浸泡在粪便污水中产生疾病。合理设计奶牛卧床，铺设垫草，定时更换，避免垫草变潮滋生细菌感染奶牛。③营养调控。奶牛生长的不同阶段要选择不同的饲喂标准，保证微量元素、维生素含量充足，日粮中适当添加硫酸锌，一般硫酸锌按照 0.01%～0.02% 的比例添加于日粮中。在奶牛泌乳期要加强饲料管理，提供给奶牛优质粗饲料，合理搭配精粗饲料比例。在饲料转换时期，要由预饲期逐步转换，让奶牛少量采食新更换的饲料，避免出现应激。④定期护理。注意观察奶牛走路是否出现跛行现象，定期对奶牛蹄部进行修整，一般春秋两季各修 1 次，奶牛的蹄部应每 1～2 个月用 4% 硫酸铜溶液进行一次药浴。

（2）治疗措施。及时清洗创口，用清水仔细刷洗患蹄，除去异物，必要时涂抹消炎药剂。如果患蹄溃疡伴有肉芽组织增生，污物侵入蹄部，用蹄刀除去污物腐肉脓汁，直至出现新鲜组织，用过氧化氢冲洗，涂上 1% 碘酊。接着将中药药粉或高锰酸钾粉等撒于患处，再在患处敷上纯鱼石脂或松馏油，患蹄用绷带包扎。最后将 10% 碘酊涂在球关节部及绷带上，3～4 d 才可加强运动。

第三节　围产期奶牛常见疾病

一、子宫内膜炎

奶牛子宫内膜炎是一种常见的生殖系统疾病，是引起奶牛不孕和流产的主要原因。每年的 5—10 月是高发季节，奶牛一旦患上子宫内膜炎，会导致配种困难或长期不能正常受孕，降低繁殖效率，甚至提早被淘汰。

（一）病因

念珠菌、毛霉菌及放线菌等病原性真菌是引发母牛子宫内膜炎的直接原因。支原体、病毒也可引发此病，如牛病毒性腹泻病毒、牛传染性支气管炎病毒、副流感病毒；牛胎毛滴虫可导致牛出现死胎或流产，进而使之患上子宫内膜炎；奶牛生产时由于接产人员暴力动作，使奶牛产道受到外伤；奶牛生产时操作不当、配种操作不规范或消毒不严格；当奶牛剥离胎衣或引产时造成损伤，不恰当的治疗也会引发子宫内膜炎；人工授精方法不当会使器械对生殖道造成伤害；频繁地授精也会损伤母牛生殖道；饲料中缺乏碳水化合物、磷、维生素 A、维生素 B_1、维生素 B_2、维生素 E、维生素 C 和钙、锰等，同样会引发子宫内膜炎。

（二）症状

常见的子宫内膜炎有急性子宫内膜炎、慢性子宫内膜炎与隐性子宫内膜炎。急性子宫内膜炎多发生于产后 1 周之内，患病母牛体温异常升高，最高可达 40℃以上。精神不佳、食欲下降、反刍次数减少、产奶量减少、弩背弓腰，呈排尿状姿势。阴门排出带有恶臭味的黏液或黏液脓性的红色分泌物，分泌物在尾部形成结痂。阴道检查会发现宫颈黏膜红肿，颈口微微张开，阴道内有较多的炎性分泌物。直肠检查发现子宫较为松弛且伴有波动，按压时有灰白色或褐色分泌物溢出；患有慢性子宫内膜炎病的母牛发情周期不规律，发情次数少。慢性子宫内膜炎分为黏液性子宫内膜炎和脓性子宫内膜炎。脓性子宫内膜炎的病牛通常表现为精神萎靡、贫血消瘦。阴道会排出脓性分泌物，并且附着在尾部或后躯，病牛卧倒时会有大量分泌物排出。黏液性子宫内膜炎的病牛通常精神萎靡，食欲不佳，体温升高，尾部有黏液性分泌物结痂，做阴道检查时可以看到子宫颈红肿，且伴有卵巢囊肿，做直肠检查可以发现子宫壁增厚。

（三）防治

1. 预防措施

（1）操作流程。人工授精或器械助产过程中避免粗暴对待，避免用力过猛造成产道和子宫损伤，应以循序渐进的原则进行，保证耐心细致地人工助产。人工授精前后应对设备严格消毒。

（2）饲养管理。确保饲料营养价值全面，无机盐、维生素添加充足，提高奶牛自身抵抗力。对于生产后或流产后持续胎衣不下、发情不稳定的奶牛应进行细菌分离培养，确定致病源，采取针对性措施防控。

（3）接种疫苗。奶牛场应安排兽医定期对母牛进行身体健康检查，并根据具体的检查结果为其注射疫苗。

2. 治疗措施

（1）冲洗疗法。急性子宫内膜炎和慢性子宫内膜炎的奶牛可以采用子宫冲洗疗法，使用 100 mL 生理盐水、0.1%高锰酸钾溶液、0.1%雷夫诺尔溶液、0.5%来苏尔溶液注入子宫对其反复清洗，直至流出清亮液体为止。

（2）药物灌注。通常采用以下药物进行子宫灌注治疗：①磺胺类药物。取 10 g 磺胺和 20 mL 石蜡油制成磺胺油悬混，可以用来治疗慢性子宫内膜炎。②抗生素。如土霉素、四环素、青霉素。③鱼石脂类药物。20 mL 10%的鱼石脂溶液，适用于坏死炎症的治疗。④碘制剂。20 mL 5%的碘酊溶液，适合治疗脓性子宫内膜炎。

（3）综合治疗。对于病情比较严重的奶牛可以采用综合治疗法，在药物灌注后，静脉注射5%葡萄糖溶液可以防止奶牛出现脓毒败血症、酸中毒等症状。肌内注射钙制剂和 B 族维生素，口服维生素 C 等来进行全身综合治疗。

（4）激素治疗。雌二醇、缩宫素、前列腺素、己烯雌酚等激素可以加速子宫运动，提高免疫力，改善血液循环，加快炎性分泌物的排出，可以用来治疗子宫内膜炎。

二、子宫脱出

奶牛子宫脱出（图 8-7）是产后比较容易发生的一种疾病，一般分娩后经过 3~4 h 发生，主要指子宫角翻到子宫内腔内，如果此时腹压过高、用力努责，就会导致部分或者整个子宫都翻到阴门外面。病程进展快速，如果没有及时采取救治，往往会发生死亡，且容易出现复发，只能被淘汰，严重损害奶牛养殖户的经济利益。

（一）病因

奶牛发生子宫脱出主要由于妊娠期间缺乏运动，饲养管理水平较差，由于饲喂不合理的饲料导致奶牛缺乏营养和体质虚弱所致。奶牛分娩时发生难产，以及低血钙性子宫弛缓等，也是导致子宫脱出的一个常见原因。此外，奶牛分娩时间过长，排出大量的羊水，产道过于干燥，在快速将胎儿拉出时，就非常容易发生子宫脱出。特别是体质虚弱的年老经产奶牛，会阴部结缔组织和骨盆韧带过于松弛，或者分娩时用力努责、助产时过猛牵拉等，以及发生产后瘫痪、感染病菌等，都能够导致该病。

（二）症状

病牛脱出的子宫垂吊于阴门外呈不规则的长圆形囊状物体，有时可达跗

图 8-7　奶牛子宫脱出

（图片来源：https://www.sohu.com/a/163529504_209922）

关节。表面布满圆形或半圆形的海绵状母体胎盘（子宫阜），极易出血；前期无全身症状，后期表现出反刍减少或消失，食欲减少或废绝，产奶量下降等明显的全身症状，病牛逐渐消瘦而衰竭死亡。急性病例因子宫脱垂使悬韧带上大血管损伤，迅速出现失血性贫血的相应症状，可在短时间内死亡。

（三）防治

采用手术整复法及术后用药护理。首先，将患牛前低后高势保定，并将脱出子宫用 1% 高锰酸钾或新洁尔灭冲洗消毒了宫体。如有出血或轻度溃烂，要进行止血，清理坏死组织。肿胀严重的用 3% 明矾溶液冲洗消肿。然后，在助手的协助下，用拳头顶住子宫靠近阴门部位顺势交替配合和推入。推入后为了防止子宫再度努出需进行阴门缝合术，用细绳在髋关节后紧紧勒住，并在患牛百会穴向脊柱内注射 5% 普鲁卡因 2~5 mL 进行麻醉。若脱出子宫损伤坏死严重的进行子宫切除。整复后，暂时限制其运动，必要时也可暂时疗养在前低后高的柱栏内，平时畜圈地面要平坦、平静、通风。

三、胎衣不下

奶牛胎衣不下（图 8-8）也叫作胎衣滞留，是指在分娩后超过 12 h 依旧没有排出胎衣，是奶牛临床常见的产科疾病，发病率逐渐增高。该病会导致奶牛产后发情时间延迟，配种次数增多，严重时会继发引起子宫内膜炎，甚至造成不孕。

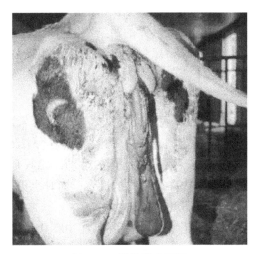

图 8-8　奶牛胎衣不下

（图片来源：https://www.sohu.com/a/409189936_457635）

（一）病因

奶牛产后子宫无力是引发胎衣不下的常见因素，在奶牛饲养中，缺乏充足的运动，饲养营养不均衡，维生素、蛋白质、钙元素及矿物质等补充不足，会增加奶牛胎衣不下的发病几率。与此同时，胎盘异常也会导致胎衣不下，胎盘不成熟；早产导致胎盘变质，影响犊牛和胎盘的分离，胎盘水肿，胎盘充血等，均会增加胎衣不下的几率。除此之外，人工助产不合理，导致分娩异常，激素分泌不足，能量及氧气供应不足等，均是导致胎衣不下的重要因素。

（二）症状

1. 全部胎衣不下

全部胎衣不下指的是奶牛在产后，全部胎衣滞留在子宫内和产道，在阴门处只见到少量胎衣。停滞在子宫内的胎衣，3~5 d 腐败分解，从阴道内排出胎衣块和恶臭液体。如果发现、治疗不及时，腐败分解产物会被子宫吸收，会引起子宫内膜炎和全身症状，患病牛会体温升高，脉搏、呼吸加快，精神沉郁，采食量和产奶量会下降，胃肠功能紊乱。

2. 部分胎衣不下

部分胎衣不下指的是奶牛在产后,绝大部分胎衣悬挂在阴门外,只有少部分胎衣停滞在子宫腔和产道内,不能正常排出,通常不容易察觉,容易忽视。由于悬挂在阴门外的胎衣受外界的污染发生腐败,未排出的部分会从产道排出胎衣块和恶臭液体,通常患牛会出现体温升高、弓背、弯腰、举尾和努责,采食量和产奶量会下降。

(三) 防治

为降低奶牛胎衣不下的发病率,要认真做好饲养管理工作。在产前 3 周,应喂食全价饲料,并适当提升日粮中蛋白质含量,及时补充维生素及矿物质。另外,母牛在妊娠期,要保持适量的运动,尤其是在怀孕后 8~9 个月,每天应保持 4 h 运动,提高奶牛的抵抗力,同时也更加有利于生产,降低奶牛产后胎衣不下的发病几率。

针对奶牛胎衣不下的治疗,首先需要肌注 100 IU 催产素,加快奶牛子宫收缩。或者可以皮下注射 10 mL 麦芽汁+10 mL 垂体后叶素。然后分别静脉注射 10%葡萄糖酸钙、25%葡萄糖注射液,2 次/d,连续注射 2 d。然后注射 150 mg 可的松,直至奶牛恢复正常。

四、酮病

奶牛酮病多见于高产奶牛,主要是由于体内碳水化合物和挥发性脂肪酸代谢异常,影响机体功能,典型特征为"三酮"——酮血、酮尿、酮乳,"三低"——低血糖、消化能力降低、产奶量降低,呼出散发腐败梨子味的气体,且出现神经症状,还会使免疫力低下、繁殖性能降低,容易继发引起乳腺炎或者子宫内膜炎等疾病,最终导致奶牛淘汰率升高。

(一) 病因

奶牛原发性酮病是由于养殖户在养殖过程当中,长时间喂食高脂肪、高蛋白日粮,粗纤维以及碳水化合物补充不足所致。不仅如此,部分高产奶牛在完成分娩之后,其消化机能减弱导致食欲下降,无法很好地满足生长营养需求,进而导致自身脂肪被分解产生大量的酮体,最终导致酮病的发生。

奶牛继发性酮病往往是继发于前胃弛缓、子宫内膜炎、创伤性网胃炎以及乳腺炎等疾病,在患有上述疾病的情况下,奶牛食欲明显下降,严重时会导致食欲废绝,进而出现营养不良的现象,最终导致发病。除此之外,气温忽冷忽热,奶牛运动不足,缺乏维生素,肝脏机能失调等,均会导致酮病的发生。

（二）症状

1. 消耗型

病牛初期的采食量和泌乳量都稍有下降，只采食少许粗饲料，有些还会出现采食垫草的不良习惯，经常饮用尿液、污水，还会有舐食泥土或者污物现象，食欲逐渐废绝，并停止反刍。伴有瘤胃弛缓，蠕动非常弱，只可排出少量干燥粪便，通常呈球状，且表面存在黏液。随着病程的进展，病牛发生腹泻，体重快速减轻，精神不振，反应淡漠，通常拒绝走动，但体温、呼吸以及脉搏没有变化。病情进一步加重后，病牛的体温持续下降，心跳加快，心音模糊。

2. 神经型

病牛精神极度萎靡，目光呆滞，步态蹒跚，出现轻微瘫痪，少数会由于嗜睡而处于半昏迷状态。少数病牛突然发病，明显表现出激动、狂躁，持续进行转圈运动，同时伴有吼叫。另外，病牛呼出的气体、排泄的尿液以及分泌的乳汁都散发酮味，尤其是加热后更为明显。神经症状通常可持续 1~2 h，但有时在生产中会有少数出现复发。

（三）防治

该病以生糖降酮为主要治疗原则。病牛可静脉滴注 500 mL 50% 的葡萄糖溶液，能够使其血液中葡萄糖含量迅速升高，且具有明显疗效，但由于这种现象是暂时性的，因此需要进行多次注射。如果病牛表现出神经症状，可使用水合氯醛进行治疗，首次用量为 30 g，之后用量减少为 7 g，每天 2 次，连续使用 3~5 d。另外，病牛还需要缓解酸中毒，使用健胃药，并补充一些微量元素等。

五、产后瘫痪

奶牛产后瘫痪是奶牛分娩后突然发生的一种以四肢瘫痪、卧地不起为特征的代谢性疾病。病因多，发病复杂，必须对症治疗才有疗效。

（一）病因

（1）饲料因素。春夏季节奶牛养殖中，往往会喂食奶牛大量的青草，这些青草中含有大量草酸，影响钙元素的吸收，再加上在日常饲养中钙磷元素及维生素 D 补充不足，导致营养不均衡。在生产前，喂食了大量的高钙饲料，也会导致奶牛钙磷比例失衡，最终诱发产后瘫痪病。

（2）年龄因素。奶牛年龄越大，产后瘫痪发病率也就越高。高龄奶牛的消化能力、吸收能力下降，所进食的钙无法吸收，导致血液中钙含量不足，增加产后瘫痪发病率。

（3）生产因素。在奶牛生产过程中，可能由于助产方法不合理而导致子宫出血，此时会使血液中钙磷水平急剧下降，从而引起发病。另外，奶牛生产后比较虚弱，如果此时没有精心看护，则非常容易出现继发感染，从而引起产后瘫痪。

（4）泌乳因素。奶牛生产后，产奶量非常高，会导致体内大量钙和磷经由乳汁排出，使血液中钙磷水平急剧下降，但此时机体需要更多的钙，但其胃肠功能又由于生产而明显减弱，这样非常容易由于无法及时补充血钙而引起瘫痪。

（二）症状

患病奶牛会出现明显的知觉障碍、瘫痪，严重的会昏迷。食欲明显下降，精神状态不佳，排尿排粪停止，体温下降，肢体出现抽搐现象，双目无神发呆，卧地不起，驱赶发出哀嚎，发病后期昏迷，呼吸弱，身体变冷，针刺无反应。

（三）防治

病牛第1天采取强心补液，调整钙磷比例，增强吸收钙离子，刺激胃肠蠕动。静脉注射 500 mL 10%葡萄糖酸钙、500 mL 25%葡萄糖、3 g 安钠咖、25 mL 维生素 C，每天 2~3 次；配合肌内注射 10 mL 维生素 D_2，20 mL 复合维生素 B。病牛第2天采取抗菌消炎，补钙，避免发生酸中毒。常静脉注射 500 mL 0.9%生理盐水、500 mL 10%葡萄糖酸钙、800 万 IU 青霉素、800 万 IU 链霉素、500 mL 5%碳酸氢钠、20 g 氢化可的松。

第九章　奶牛福利的推行与实施

我国奶牛养殖业现已逐步进入标准化、规模化、集约化的发展模式。当前我国规模化牧场的乳制品质量安全水平已经赶超欧盟标准。但在我国养殖业高速发展的情况下，奶牛福利问题往往被忽视，导致奶牛长期受到"非福利"对待，造成奶牛免疫力下降、繁育水平降低、胎次缩短，严重影响奶牛的健康与使用寿命。近年来，"绿色""健康"的奶牛养殖业发展已经成为全球的趋势，关注奶牛福利已是畜牧业发展的重点内容之一。

第一节　福利与奶牛健康

动物福利是指饲养中的动物与其环境协调一致的精神和生理完全健康的状态。一般认为，动物福利是保护动物康乐的外部条件，即由人所给予动物的、满足其康乐的条件。国际上，动物福利的观念经过发展，已经被普遍理解为让奶牛享有免受饥渴，生活舒适，免受痛苦、伤害和疾病，生活无恐惧感和悲伤感以及自由表达天性等五项自由。可以概述为五个方面的福利，即生理福利、环境福利、卫生福利、行为福利和心理福利等。

一、奶牛生理福利

生理福利是指要保证动物没有饥渴的忧虑。通常情况下，奶牛采食速度较快，饲料经过粗略咀嚼后快速咽下，因此奶牛在采食过程中对饲料的选择性较差。由于奶牛的这种采食习性，在采食到过大、过圆或混入锋利杂物的饲料时，极易造成食道阻塞，导致奶牛出现创伤性网胃炎和创伤性心包炎。奶牛在采食一段时间后会进行多次反刍再咀嚼。奶牛健康的标志之一是能够进行正常的反刍活动，奶牛第一次反刍是在采食后 1~2 h，持续 30~50 min，再咀嚼次数为 50~70 次/回；反刍时间减少、频率异常甚至停止，则显示奶牛可能已经得病。

二、奶牛环境福利

奶牛环境福利是奶牛身心健康发展的基本要素，要求奶牛有适当的居所。奶牛的环境福利主要与冷热应激、卧床舒适度、舍内有害气体含量等有关。奶牛生活所处的畜舍和卧床环境应当舒适整洁（图9-1），保证奶牛可以安全愉悦地采食、反刍和休息，充分享受生活的舒适与自由。一些欠规范的奶牛养殖场在各种内在、外在的卫生环境上都还存在很多问题，一方面影响了奶牛生产水平的提高，另一方面在很大程度上损害了奶牛的福利。

图9-1　奶牛卧床

（图片来源：https://ss1.bdstatic.com）

三、奶牛卫生福利

奶牛的卫生福利是指预防和减少疾病，避免其遭受额外的伤痛，主动减少牛生病频率的一种行为。在生产中，奶牛乳腺炎、肢蹄病、子宫内膜炎等疾病频频发生，而卫生环境差则更会加重这些病症。疾病的产生会导致采食量下降，能量摄入减少，进而导致生产效率降低。奶牛子宫内膜炎分为新产牛子宫内膜炎和临床型子宫内膜炎，新产牛子宫内膜炎发生在母牛产后21 d内，外在表现为子宫增大、有恶臭、排泄红棕色液体，全身有症状，产奶量下降，精神萎靡，体温升高。牧场人员在饲喂时应注重奶牛的卫生福利，细心养殖各个阶段的奶牛，通过提高奶牛的免疫力减少疾病的发生。

四、奶牛行为福利

奶牛行为福利是指动物不受外界的干预，行为由自己掌控，表达动物的天性，不产生恐惧、悲伤等情绪。动物福利委员会表示，动物的行为福利是指动物尽可能地表达天性，不受人为造成的恐惧、悲伤、害怕、痛苦甚至死亡的威胁。奶牛的行为福利是指除了每天的集约化、秩序化的挤奶时间之外的其他时间保持自由的状态，包括自由地进食、饮水、休息以及活动，可以健康地发情、妊娠、分娩和泌乳。现在已得到证实，在人和动物的大脑中，脑神经网络和简单的大脑功能区的基本结构十分相似，都有着大脑边缘系统和情感中枢，然而，情绪的表达却相差很大。牛能通过某些外部特征对人进行区别，犊牛可以识别穿不同衣服的两个人，成年奶牛可以识别穿同一衣服的人，一些公牛还能识别人脸。研究结果表明，在犊牛的饲养阶段采取群饲的方式会降低牛的攻击力。

五、奶牛心理福利

动物福利关注者和倡导者担忧的是动物的恐惧、焦虑等负面心理，奶牛的心理福利是指减少以上负面心理。疼痛、沮丧是动物的主观情感，而恐惧和紧张则主要由于受到外来刺激所致。养殖中的暴力行为以及装卸、运输、卸载等均可引起动物应激。我国典型的禁食禁水的运输条件会导致奶牛出现脱水、代谢水平受阻、代谢水平增高、离子水平失衡等问题。研究结果表明，慢性应激可导致大鼠产生焦虑、抑郁等负面情绪，还会导致记忆力和认知水平衰退。研究表明，应激会导致体液免疫和细胞免疫发生变化，增加牛只的发病率。奶牛在恐惧的情况下会导致其产奶量下降，还会影响妊娠及体细胞数，若换成温柔的方式来挤奶可增加奶牛的产奶量。世界动物卫生组织规定了有关禁止违反动物福利的行为，在养殖时要尽量避免人员的不当操作引起应激。

综上所述，在奶牛养殖过程中要时刻从生理福利、环境福利、卫生福利、行为福利和心理福利等五个方面关注奶牛的生长状况。应考虑群体的舒适性与福利，加强细致调节，福利不仅指动物的精神状态和肉体感受，还应包括动物对外界环境变化的应对能力。外部环境包括气候、居住环境等因素，内部环境是指动物内在的营养健康状况。由于包含动物的自身感受，动物福利的好坏很难进行判断和量化，且动物偏好行为评估也存在一些不足。因此，可收集不同福利条件下奶牛的生产性能、繁殖性能、健康状态等的表型参考，找出福利条件与生产性能、繁殖性能、健康状况的数据关系，弥补动物偏好行为评估的不足。还应结合我国国情在经济和人道主义下给奶牛提供尽可能舒适的环境，通过改善环境，进一步提高生产效率和繁殖效率。强调和发展动物福利不仅仅是提高生产效率和繁殖效率的手段，还在一定程度上为消费者确保了食品的安全性，为奶牛从业者和创业者提供了突破壁垒的机会。随着饲养者福利意识的提高以及法律政策等的宣传普及，奶牛的福利水平正逐日提升。

第二节　福利与奶牛产品质量

随着经济水平的提高，人们对生活质量的需求有所提升，绿色、有机食品成为现代社会生活中人们的必需品。现代畜牧业在不断满足人们对动物产品数量需求的基础上，进一步提高了动物产品质量。目前在规模化、集约化的养殖模式中，部分畜牧业生产者为了控制疾病传播和维持畜禽生产性能，无视国家法律法规，随意用药的情况层出不穷，造成动物产品中药物残留过高，重金属含量超标、饲料添加剂超标等食品安全问题。为减少动物源食品的安全问题，应积极提高畜禽养殖业的动物福利。

一、奶牛福利与奶牛产品质量的关系

鉴于奶牛生活质量的提高是生鲜乳质量保障的前提，目前很多牧场都非常重视奶牛福利的提高。国际上，动物福利的观念经过发展，已普遍理解为让动物享有免受饥渴的自由，生活舒适的自由，免受痛苦、伤害和疾病的自由，生活无恐惧感和悲伤感的自由以及表达天性的自由。又被广泛地归纳为动物福利保护的五个基本原则。通俗地讲，我们要在奶牛的繁殖、饲养、挤奶、运输、实验、展示、陪伴、工作、防疫、治疗等过程中，尽可能减少其痛苦，避免令其承受不必要的痛苦、伤害和忧伤。使奶牛在福利环境中健康、愉悦地生活生产，实现泌乳和繁殖能力在数量和质量上最优化。欧盟、美国和加拿大等动物福利先进国家和地区通过立法保障动物福利。而我国的动物福利保护法规尚在孕育之中。可喜的是，国内一些奶牛规模化养殖企业越来越关注奶牛福利，借鉴了一些国外成熟的福利措施，在奶牛健康和生产性能改善方面取得了明显效果。福利养殖可以通过科学合理的干预为动物提供最舒适的环境，让动物健康成长，从而产出更多、更好、更安全的产品。倡导牧场奶牛福利养殖是奶牛养殖技术创新的关键举措，是奶源跨越式发展的重要抓手，对保障奶牛健康和提升牛奶品质具有重要的指导作用。奶牛福利的推广可以大大延长奶牛寿命、减少淘汰、增加产量、提升品质，综合效益可观。在消费者越来越注重牛奶品质的今天，实施奶牛福利是奶业可持续发展的关键。

奶牛在遭到粗暴对待，不科学运送、装载、屠杀的情况下很容易产生不良的应激反应。惊吓、噪音、驱打、潮湿、酷热、寒风、雨淋、空气不清新、更换饲料等应激都将引起奶牛产生不良反应。在应激条件下，奶牛免疫力下降，患病风险加大，最终导致产奶量下降。保障奶牛的心理福利，要求饲养员在饲养过程中减少奶牛惊慌的情绪，避免奶牛受到不利的应激。适当的动物福利与乳品质之间有联系，尤其在健康卫生领域。奶牛需要饲料、饮水、干燥的卧床以及医疗护理。当涉及乳品质量时，我们应该从畜栏的大小和形状谈起。对于休息的动物来说，畜栏需清洁、干燥、舒适且具有足够的空间休息、活动、站立。大量清洁干燥的卧床对于抑制细菌生长是必需的。地板表面同样影响牛奶质量。具有较好纹路的混凝土地面或橡胶垫易于奶牛站立，能够减少奶牛打滑、跌倒，这将使牛体更干净，应激更小。畜栏载畜量过大也会加剧奶牛应激、对乳品质造成消极影响。牛跛行会对牛奶质量产生负面影响。跛行行走更艰难且更容易打滑摔倒，这将影响乳房的清洁；跛牛也一定程度上忍受疼痛和应激；跛牛采食及饮水均变得更困难，从而导致牛奶产量下降。畜栏载畜量过大对跛牛产奶量及牛奶质量的影响大于健康牛。蹄关节疼痛与休息减少、反刍及采食频率下降有直接联系，因而防止蹄关节及膝关节受到刺激及伤害是关键。橡胶垫卧床、铺设垫料的卧床以及水床均需要充分铺垫以为蹄关节和膝关节提供足够的缓冲和软化的表面。

通过为奶牛提供福利养殖，实施符合奶牛天性、尽可能顺应动物自然习性的生活与生产管理方式，使奶牛场以牛为核心，让牛吃得更营养，住得更舒适，生活更快乐，挤奶更享受，生产生活更健康、更长寿，终生产仔、产奶数量更高。为奶牛营造一个轻松愉快的生活环境、生产条件，最大程度地减少奶牛应激与不适。让健康快乐的奶牛产出更多、更好、更优质、更绿色的生鲜乳。

随着奶牛养殖业的不断发展，奶牛福利待遇受到人们日益广泛的重视，奶牛场通过奶牛所处环境与舒适度、加强科学饲养管理等来提高奶牛福利待遇，不仅可以提高奶牛健康水平，延长奶牛使用年限，还可以明显提高产奶量，从而有效提高养殖经济效益。

二、提高奶牛福利的措施

人类饲养奶牛的目的是为了让其服务于人类，要使奶牛更好地为人类服务，饲养者就应该善待奶牛。人们在奶牛身上获取畜产品的同时，给予奶牛充分的福利也是非常重要的，这一方面是动物生理需要以及生产性能决定的，另一方面也是社会进步、人类文明程度的提高以及人类和自然和谐发展的需要。现代化的规模牛场建设要树立将追求经济效益与贯彻动物福利并重的理念，逐步改善和提高奶牛福利。改善奶牛福利，在前期虽然增加了成本，但最终为牧场经营者带来了健康的奶牛、优质高产的乳品以及丰厚的经济回报，更重要的是带来了动物与人类的和谐共存。改善奶牛福利，不仅仅是为了奶牛，更重要的是为了牛场的健康可持续发展。

根据奶牛不同的生理习性给予能使奶牛自由表达天性的饲养管理方法，以此来提高奶牛的生理福利。有一个适宜于奶牛舒适生活的生存环境条件，是实施奶牛福利的基础，从畜舍管理、噪声管理、清洁管理、粪污管理等几个方面加强环境管理，给奶牛提供干净、舒适、安静的生存环境，提高它们的环境福利。奶牛饲养者要做到及时救治患病奶牛，要做好疾病的检查和防御措施，还要定期消毒，减少疾病产生的风险，建立严格的疫病防控制度，防止疫病传入，保证奶牛的卫生福利。在设计奶牛场各项配置时，应充分考虑奶牛的行为特点，而不是简易的组装，要做到奶牛场内的设备不仅能使奶牛福利得到有效保障，而且能够节约成本。保障奶牛的心理福利，要求饲养员在饲养过程中减少奶牛惊慌的情绪，避免奶牛受到不利的应激。另外还要注意精粗饲料的搭配，科学合理地饲喂，保证奶牛膘情适中，严格控制精饲料的供给，充分考虑奶牛的营养需要。

随着集约化养殖方式的普及，奶牛的生产性疾病越来越多，奶牛福利待遇问题也被推向了高潮。奶牛福利是"以牛为本"的养殖理念的体现，使奶牛健康舒适的福利举措可以促进奶牛养殖业的发展，提高养殖效益，这也是现代文明生产者追求的目标。只有普及和强调奶牛福利对奶业发展的重要性，贯彻以牛为本的文明健康养殖理念，提高从业人员的科学养殖水平，为奶牛创造良好的生活环境，改善奶牛的居住环境与舒适度、加强科学饲养管理，才能保证奶源质量，同时将奶牛的生产潜力发挥到极致，为奶牛场创造更高的经济效益，推动我国奶业健康发展。

第三节　奶牛福利与牧场经济效益

牛场经营者追求利润最大化、低投入高产出无可厚非，经营牛场的最终目的就是要获得效益，但是如何让奶牛在为人类提供产品的同时能健康地生活，延长生命和使用年限，使其产奶量更高、奶的质量更好，已成为当前牛场经营者应高度重视的问题。奶牛的福利化养殖水平高，有利于减少养殖过程中应激和疾病的发生，可以有效改善奶牛的健康状况，充分发挥其泌乳能力和生产潜力，有效提高其产品质量，降低淘汰率，延长利用年限。动物福利做得好，可以提高牧场收益，有利于产业的可持续发展。以往人们认为动物福利的改善会提高畜牧生产成本，可能降低养殖效益，但往往实际情况并非如此。动物福利的应用将给我们的畜牧业养殖带来意想不到的经济效益。在集约化养殖水平不断提高的同时，畜禽产品的数量大幅增长，但品质却不尽人意。如果在畜禽生产中关注动物福利，效果则可能完全不同。比如在采取能保障动物福利的基本措施后，动物的健康状况可以得到明显改善，动物疾病发生率大幅减少，而动物的健康不仅同动物的生产性能有直接关系，而且用于动物疾病防治的开销也将大幅减少。在美国针对奶牛福利问题的研究发现，因奶牛福利状况不佳导致的奶牛肢蹄病，一头病牛的经济损失约为350美元，每年的损失更是高达上万美元。这些损失包括兽医的诊疗费用、因病造成的产奶量下降的费用、药物费、误工费、体况下降造成的费用等。此外，动物福利措施有助于提高动物源性食品的安全性，使其获得更高的市场竞争力和附加值。由此可见，在良好福利条件下的畜禽高效生产是未来养殖业的发展趋势。然而，动物的福利不应仅仅只是经济效益的问题，对动物福利的倡导和推动，不能也不应该只是基于经济学层面的讨论，更应当作为一种社会职责而被广泛认可。幸运的是，动物福利条件的改善与经济效益的提高是一致的。

在牧场中应用动物福利，不仅可以减少动物在生长过程中所受的痛苦，提高动物的免疫能力，控制部分疾病的传播；而且可以保障人民生活中的动物源性食品的安全性，提高消费者的生活品质，提高牧场的经济效益；最重要的是可以提高我国农畜产品在对外贸易上的国际竞争力，消除由动物福利等引起的贸易壁垒。

第十章 奶牛相关产品与人类健康

第一节 乳制品与人类健康

乳业是关系国计民生的重要产业。改革开放以来，我国乳业发展迅速，2016 年，全国奶类产量 3 712 万吨、乳品产量 2 993 万吨，生产规模仅次于美国和印度，居世界第三位。随着居民消费能力和消费意识的逐渐提升，以及对乳制品营养及功能认知程度的进一步增强，人民群众对乳制品的需求日益加增，《中国居民膳食指南（2016）》建议每人每天应饮奶 300 g 或进食相当量的奶制品。牛乳作为维持人体健康所需各种营养素最佳的单一食物来源，受到诸多消费者的青睐，其口感大众、物美价廉、营养丰富、食用方便，是最理想的天然食品。现代药理学研究表明，牛奶具有抗菌、抗氧化等作用，还可预防恶性肿瘤生长，增强机体免疫力，防止胃肠感染和预防骨质疏松症。同时越来越多的证据表明，奶中的许多成分可以有效降低罹患代谢综合征的风险，代谢综合征可能会导致不同的慢性疾病，如心血管疾病和糖尿病。所以可以看出，牛奶中的活性物质参与人类机体多种重要生理活动，对婴幼儿及青少年的生长发育，维持成人身体健康都具有极大益处。

一、牛乳概述

牛乳是奶牛分娩后由乳腺分泌的一种白色或稍带黄色的不透明液体，被认为是天然活性成分最重要的来源。牛乳的化学成分很复杂，至少含有 100 多种物质，主要成分包括水、脂肪、磷脂、蛋白质、乳糖、灰分、非脂乳固体、干物质等。牛乳中水分含量为 87.5%，脂肪含量为 3.5%~4.2%，蛋白质含量为 2.8%~3.4%，乳糖含量为 4.6%~4.8%，无机盐含量为 0.7% 左右，且含有人体所需的 20 种氨基酸。牛乳中胆固醇含量较低，其中的碳水化合物几乎都是乳糖，有助于婴儿智力发育。乳中的多种物质呈分散质分散在水中，形成一种复杂的分散体系。牛乳中的脂肪在常温下呈液态的微小球状分散在乳中，球的直径平均为 3 μm 左右。分散在牛乳中的酪蛋白颗粒大部分为 5~15 nm，乳白蛋白粒子为 1.5~5 nm，乳球蛋白为 2~3 nm，呈乳胶体状态分散。乳糖、矿物质元素、盐类等以分子或离子形式存在。牛乳中的干物质常表示乳的营养价值，一般为 11%~13%。

（一）乳中的营养物质

人们已经普遍认识到牛乳具有人体益生功能，其主要通过生物活性物质发挥该营养功能，这些生物活性物质包括特异性蛋白、肽、脂类及碳水化合物等。

牛乳中蛋白质营养价值很高，酪蛋白和乳清蛋白是两个主要的牛乳蛋白，在人体的新陈代谢和健康中发挥着重要生理功能。酪蛋白成分约为80%，乳清蛋白约为 20%。酪蛋白有四种类型：α_{s1}-酪蛋白，α_{s2}-酪蛋白，β-酪蛋白、κ-酪蛋白。在营养方面，酪蛋白的主要功能是作为新生儿氨基酸、钙和磷的来源。牛奶含有丰富的钙，对儿童骨骼发育、骨强度和骨密度有益，也能预防成人骨质疏松；降低胆固醇的吸收并控制体重和血压；可能对结肠癌有预防作用，已有人对此进行研究，因为胆汁酸盐是促进结肠癌发生的一个主要因子，食用牛奶可提供磷酸钙与胆汁酸盐结合，消除其毒性作用。牛奶中主要乳清蛋白为 α-乳白蛋白（α-La）、β-乳球蛋白（β-Lg）、免疫球蛋白（Ig）、血清白蛋白、乳铁蛋白和溶菌酶。许多乳清蛋白具有与金属结合、免疫调节、生长因子活性和激素活性等生理特性。牛奶给人提供的主要抗微生物物质是免疫球蛋白、溶菌酶，其次是乳铁蛋白，共同为新生动物提供免疫和非免疫保护，使其免受感染。牛乳中免疫球蛋白含量为 50~150 mg/mL，是人初乳的 50 倍。现已证实，牛初乳免疫球蛋白中富集各种Ig，其中 IgG 在牛初乳中含量最高。乳铁蛋白可与病毒的胞膜蛋白紧密结合，从而抑制病毒感染，也可促进胃肠道有益菌群的建立。

牛乳中的乳脂是又一营养物质。牛乳中含有多种 ω-3 多不饱和脂肪酸，而 ω-3 多不饱和脂肪酸是人体必需的脂肪酸，对人体的健康和神经系统发育以及心血管疾病、肿瘤、糖尿病、肾脏疾病等的预防及治疗具有积极作用，对儿童的认知行为有利，并能改善儿童的健康等。

初乳中含有多种细胞因子，如白细胞介素-1β（IL-1β）、白细胞介素-6（IL-6）、干扰素-γ、肿瘤坏死因子-α（TNF-α）、胰岛素样生长因子（IGF）、转化生长因子-β（TGF-β）等。这些细胞因子虽然在初乳中含量甚微，但却具有重要的生理功能，如抗感染、抗肿瘤、免疫调节等，特别是在对胃肠道的保护方面。有研究显示，以初乳为主的食品补充口服制剂，在男性运动员短期的耐力及速度训练中，可以增加血清中的 IGF-I 浓度。TGF-β 的两种形式可以刺激结缔组织细胞增殖，并且抑制淋巴细胞和上皮细胞增殖。IGF 的两种形式刺激许多类型细胞的增殖，并且调节一些代谢功能，例如葡萄糖摄取和糖原的合成。

除了上述主要生物活性物质外，牛乳中还有大量其他具有特性的次要生物活性物质，如低聚糖、核苷酸、维生素、激素、初乳肽等。母乳中含有明显浓度的（5~10 g/L）的复杂低聚糖，牛乳中存在着类似的低聚糖和糖复合物，但浓度比人乳中低。这些低聚糖对新生儿有不同的健康益处，可能有助于小肠中有益菌群的生长，免疫系统的刺激和抵抗微生物的感染。牛乳中核苷酸在婴幼儿脑功能发展的过程中可作为多效营养成分，因此一些婴幼儿配方奶粉中已经添加了特定的核苷酸盐，同时，核苷酸在小肠肿瘤的控制上，可作为重要的外源性药物。牛乳中含有少量的降钙素、褪黑素等，有研究表明，口服富含褪黑素的牛乳可以改善睡眠和昼夜活动。初乳肽是一种富含脯氨酸的多肽化合物，体外动物试验研究表明，绵羊的初乳肽发挥免疫调节功能。也有临床研究表明，初乳肽有益于轻度或中度的阿尔茨海默病的治疗。

二、乳制品的分类

牛乳制品是指以生鲜牛乳及其制品为主要原料，经加工制成的产品。《乳制品工业产业政策（2009 年修订）》将乳制品分为液体乳类、乳粉类、炼乳类、乳脂类、干酪类和其他乳制品类六大类。具体包括：液体乳类（杀菌乳、灭菌乳、酸牛乳、配方乳）、乳粉类（全脂乳粉、脱脂乳粉、全脂加糖乳粉和调制乳粉、婴幼儿配方乳粉、其他配方乳粉）、炼乳类（全脂淡炼乳、全脂加糖炼乳、调味/调制炼乳、配方炼乳）、乳脂类（稀奶油、奶油、无水奶油）、干酪类（天然干酪、再制干酪）、其他乳制品类（干酪素、乳糖、乳清粉等）。

（一）液体乳类

液体乳类中的杀菌乳是指巴氏杀菌乳。鲜乳经巴氏杀菌后（75℃、15~20 s 或 80~85℃、10~15 s），仅杀灭了其中的致病菌，仍存在小部分较耐热的细菌或细菌芽孢，因此巴氏杀菌乳要在4℃左右的温度下保存，且只能保存2~7 d。巴氏杀菌乳较好地保存了牛乳的营养与天然风味，在所有牛乳品种中是风味较好的一种。液体乳类中的灭菌乳又称长久保鲜乳，如按是否添加辅料分类，灭菌乳包括两种。①灭菌纯牛乳。以牛乳或复原乳为原料，脱脂或不脱脂，不添加辅料，经超高温瞬时灭菌、无菌包装或保持灭菌制成的产品。②灭菌调味乳。以牛乳或复原乳为主料，脱脂或不脱脂，添加辅料，经超高温瞬时灭菌、无菌包装或保持灭菌制成的产品。以上每类又分为全脂、部分脱脂及脱脂 3 种。如按杀菌条件分，包括：①超高温灭菌乳。以生牛乳为原料，添加或不添加复原乳，在连续流动的状态下加热到至少 132℃ 并保持 4 s 的灭菌，再经无菌灌装等工序制成的液体产品。②保持灭菌乳。以生牛乳为原料，添加或不添加复原乳，无论是否经过预热处理在灌装并密封之后经灭菌等工序制成的液体产品。灭菌乳的保质期长，包装形式多种多样，携带方便，除 B 族维生素外其他的营养成分保存很完整。所以灭菌乳与巴氏杀菌乳的营养成分无太大的差别。

这两种牛乳中都含有乳糖，一部分人随着年龄增长，消化道内缺乏乳糖酶，不能分解和吸收乳糖，饮用牛乳后会出现呕吐、腹胀、腹泻等不适应症，称其为乳糖不耐症。在乳品加工中利用乳糖酶，将乳中乳糖分解为葡萄糖和半乳糖，或利用乳酸菌将乳糖转化成乳酸，可预防"乳糖不耐症"，因此随之出现了发酵乳。发酵乳分为酸乳和风味发酵乳。酸乳以生牛乳或乳粉为原料，经杀菌、接种嗜热链球菌和保加利亚乳杆菌发酵制成。该类产品在保质期内特征菌必须大量存在，能继续存活且具有活性，成品中必须含有大量与之相应的活性微生物，是营养与保健功能兼备的现代人类理想食品之一。风味发酵乳以 80% 以上生牛乳或乳粉为原料，添加其他原料，经杀菌、发酵后 pH 值降低，发酵前或后添加或不添加食品添加剂、营养强化剂、果蔬、谷物等制成的产品。发酵乳制品营养全面，风味独特，比牛乳更易被人体吸收利用。国内外专家研究证明，乳酸菌在发酵过程中可产生大量的乳酸、其他有机酸、氨基酸、B 族维生素及酶类等成分。因此，发酵乳制品具有如下作用：①抑制肠道内腐败菌的生长繁殖，对便秘和细菌性腹泻具有预防治疗作用；②发酵乳中产生的有机酸可促进胃肠蠕动和胃液分泌，胃酸缺乏症患者，每天适量饮用发酵乳，有利于恢复健康；③有助于克服乳糖不耐症；④乳酸能够明显降低胆固醇，可预防老年人患心血管疾病；⑤发酵乳在发酵过程中，乳酸菌可产生抗诱变化合物活性物质，具有抑制肿瘤产生的潜能，同时，发酵乳还可提高人体的免疫功能；⑥饮用发酵乳对预防和治疗糖尿病、肝病也有一定的效果。

（二）乳粉类

乳粉又名奶粉，乳粉中水分含量很低，重量减轻，为贮藏和运输带来了方便。根据是否脱脂分为全脂乳粉和脱脂乳粉。全脂乳粉指仅以生鲜牛乳为原料，不添加辅料，经杀菌、浓缩、干燥制成的粉状产品，蛋白质不低于24%，脂肪不低于26%，乳糖不低于37%，基本保持了乳中的原有营养成分，适宜缺钙、失眠以及工作压力大的人群饮用；脱脂乳粉指以不低于80%的生鲜牛乳或复原乳为主要原料，添加或不添加食品营养强化剂，经脱脂、浓缩、干燥制成，蛋白质含量不低于非脂乳固体的34.0%，脂肪含量不高于2.0%的粉末状产品，适宜肥胖而又需要补充营养的人饮用。根据是否添加其他原料，乳粉类乳制品分为乳粉和调制乳粉。乳粉以生鲜牛乳为全部原料，或以生鲜牛乳为主要原料并添加一定数量的植物或动物蛋白质、脂肪、维生素、矿物质等配料，通过冷冻或加热的方式除去乳中几乎全部的水分，再干燥而成的粉末。调制乳粉以生鲜牛乳或其加工制品为主要原料，添加其他原料，添加或不添加食品添加剂和营养强化剂，经加工制成的乳固体含量不低于70.0%的粉状产品。调制乳粉的概念很广，包括有很多的适于青少年生长需要的阶段乳粉、适于各种病人、各种类型人营养需要的保健乳粉等，但主要还是指婴儿用乳粉类。近年来，婴儿用的调制乳粉已进入母乳化的特殊调制乳粉时期，以类似母乳组成的营养素为基本目标，通过添加或提取牛乳中的某些成分，使其组成不仅在数量上而且在质量上都接近母乳，这种制品更适于喂养婴儿。

（三）炼乳类

炼乳按照加工时所用的原料和辅料的不同，分为淡炼乳、甜炼乳和调制炼乳。淡炼乳指以生鲜乳为原料，将牛乳浓缩至原体积的40%，添加或不添加食品添加剂和营养强化剂，装罐后密封并经灭菌而成的黏稠状产品；甜炼乳指以生鲜乳、17%蔗糖为原料，经杀菌、浓缩至原体积的40%，添加或不添加食品添加剂和营养强化剂，经加工制成的黏稠状产品；调制炼乳指以生鲜乳为主料，添加或不添加食糖、食品添加剂和营养强化剂，添加辅料，经加工制成的黏稠状产品。炼乳具有抗坏血病、补充能量、促进脂溶性维生素吸收和补充钙质的功效。

（四）乳脂类

乳脂类根据脂肪含量的不同可以分为稀奶油、奶油和无水奶油（图10-1）。稀奶油指以乳为原料，分离出的含脂肪的部分，添加或不添加其他原料、食品添加剂和营养强化剂，经加工制成的脂肪含量10.0%~80.0%的产品；稀奶油经成熟、搅拌、压炼而制成的乳制品为奶油，脂肪含量不小于

80.0%；脂肪含量不小于99.8%的奶油又称为无水奶油或黄油。奶油的维生素含量远比牛奶高出数倍，其中维生素A、维生素D含量丰富；此外，奶油可以增加饱腹感、提供脂肪，维持人体的体温以及保护内脏，还可以促进身体发育，对人体的血液以及中枢神经、免疫系统都大有裨益。但由于奶油中含有大量脂肪，食用奶油太多容易导致人体发胖。

图 10-1　奶油

（图片来源：https://baike.baidu.com/）

（五）干酪类

干酪（图10-2）又称奶酪，含有丰富的蛋白质、脂肪、糖类、有机酸、常量矿物元素（钙、磷、钠、钾、镁）、微量矿物元素（铁、锌）以及脂溶性维生素A、胡萝卜素和水溶性维生素B_1、维生素B_2、维生素B_6、维生素B_{12}、烟酸、泛酸、叶酸、生物素等多种营养成分。干酪类产品根据质地可分为硬质干酪和软质干酪。硬质干酪指以牛乳为原料，经巴氏杀菌、添加发酵剂、凝乳、成型、发酵等过程而制得的产品；软质干酪指以乳或来源于乳的产品为原料，添加或不添加辅料，经杀菌、凝乳、分离乳清、发酵成熟或不发酵成熟而制得的、水分占非脂肪成分67.0%以上的产品。根据加工深度可分为天然干酪和再制干酪。天然干酪以乳、稀奶油、部分脱脂乳、酪乳或混合乳为原料，在凝乳酶或其他适当的凝乳剂的作用下，排除乳清而获得的新鲜或经微生物作用而成熟的产品，允许添加天然香辛料以增加香味和滋味；再制干酪以干酪（比例大于15%）为主要原料，加入乳化盐，添加或不添加其他原料，经加热、搅拌、乳化等工艺制成的产品。干酪中钙元素的含量非常丰富,是奶制品中含钙量最高的,对于青少年以及儿童在生长发育阶段需要补钙的时候,可以通过吃奶酪来强健骨骼。并且,奶酪中的钙可能会附着在牙齿的表面,从而起到保护牙齿、预防龋齿的作用;干酪还能补充人们身体所需的一些蛋白质,主要成分为酪蛋白,它是一种全价蛋白质,能够为人体生长发育提供必需氨基酸,在体内的消化吸收利用率接近98%,从而有利于增强机体的免疫能力。

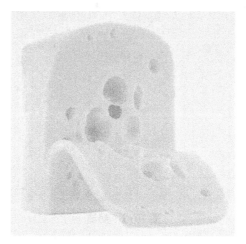

图 10-2 干酪

(图片来源:https://baike.baidu.com/)

(六) 其他乳制品类

其他类乳制品包括干酪素、乳糖、乳清、乳清粉、乳清蛋白粉等物质。干酪素指以脱脂牛乳为原料,用盐酸或乳酸使其所含酪蛋白凝固,然后将凝块过滤、洗涤、脱水、干燥而获得的产品;乳糖指从牛乳或乳清中提取出来的碳水化合物,以无水或含一分子结晶水的形式存在,或以上述两种混合物的形式存在;乳清指以生乳为原料,采用凝乳酶、酸化或膜过滤等方式生产奶酪、酪蛋白及其他类似制品时,将凝乳块分离后而得到的液体;乳清粉指以乳清为原料,经干燥制成的粉末状产品;乳清蛋白粉指以乳清为原料,经分离、浓缩、干燥等工艺制成的蛋白含量不低于25.0%的粉末状产品。干酪素及其制品具有较高的营养价值,能够促进人体对钙、铁等矿物质的吸收。

第二节　肉制品与人类健康

牛肉有"肉中骄子"之美称，其蛋白含量高、脂肪含量低，且味道鲜美，深受人们的喜爱。牛肉还有一定的药用功效，《本草纲目》中指出，牛肉能补中益气、养脾胃、补虚壮健、强筋骨、消水肿、除湿气。近年来，我国牛肉食品工业已基本形成了一套集收购、屠宰加工、肉类分割、肉制品工业、肉品卫生检验、冷冻储藏、冷链运输、批发零售于一体，遍布城乡的完整功能配套体系。

一、牛肉的基本概念

牛肉在广义上指屠宰加工健康牛只获得的可食肉品。牛肉的化学成分主要包括水分、蛋白质、脂类、碳水化合物、含氮浸出物及少量的矿物质和维生素。水分是牛肉中含量最多的成分，约占70%，牛肉蛋白质含量一般在20%以上，高于羊肉和猪肉。而牛肉的脂肪含量较低，在10%左右。肉牛脂肪的脂肪酸有20多种，其中饱和脂肪酸以硬脂酸居多，这也导致了牛脂肪较猪禽脂肪坚硬，不饱和脂肪酸以油酸和棕榈酸居多。根据脂肪位置，牛肉脂肪分为肌间脂肪和肌内脂肪，前者主要成分是甘油三酯，其含量多寡与肌肉的多汁性、大理石纹样等有关；后者则是磷脂，因富含不饱和脂肪酸特别是多不饱和脂肪酸，极易被氧化，其氧化产物直接影响风味成分的组成。有研究证实磷脂是肉品风味的前体物质，肌间脂肪仅对多汁性有影响。

牛肉中富含 B 族维生素，如维生素 B_6、维生素 B_{12}，并且牛肉中所含矿物质种类也较齐全，如钙、锌、铁等。含氮浸出物为非蛋白质的含氮物质，如游离氨基酸、核苷酸、磷酸肌酸、肌苷及尿素等。这些物质决定牛肉的风味，为滋味的主要来源，如三磷酸腺苷除供给肌肉收缩的能量外，还可以逐级降解为肌苷酸，成为肉鲜味的主要成分；磷酸肌酸分解成肌酸，肌酸在酸性条件下加热则为肌酐，可增强熟肉的风味。

（一）牛肉的营养价值

牛肉含有丰富的蛋白质、脂肪、维生素以及矿物质等。并且脂肪与胆固醇含量比猪肉等其他肉类要低，因此减肥人群、高血压人群等较适宜食用牛肉。在日常消费中，可以适当减少猪肉的用量，增加牛肉的含量。每克牛肉脂肪中含有 3~8 mg 共轭亚油酸，远高于其他畜禽肉类。共轭亚油酸是天然存在的含有共轭双键的 18 碳脂肪酸，是必需脂肪酸亚油酸的位置和立体异构体的统称，它具有抗氧化、抗动脉硬化、抗肿瘤、提高免疫力等多种功能。由于自然界存在的共轭亚油酸很少，天然存在的共轭亚油酸主要来源于反刍动物的肉制品及乳制品中。

牛肉的蛋白质含量远高于猪肉的蛋白质含量，且种类较多，与人体所需的蛋白质构成相近，所以可为人体提供充足的能量。首先，在必需氨基酸方面，奶公犊牛含有的氨基酸种类齐全、必需氨基酸含量高、比例优，其酶解产物营养价值更高，可开发出氨基酸营养液，以满足特殊人群的需要以及提高蛋白资源的利用率；其次，奶公犊牛肉的鲜味氨基酸含量高，表明其酶解产物在作为呈味基料、肉香型香精香料和美拉德反应前体物质方面有良好的发展潜力。另外，奶公犊牛肉中抗氧化氨基酸比例也较高，这一结果揭示可以采用酶解技术对奶公犊牛肉蛋白进行深加工，从而开发出具有更多抗氧化活性的氨基酸，或者抗氧化的活性肽，以及其他的生物活性肽。

牛肉中所含的维生素 B_6，有助于治疗口腔溃疡以及预防糖尿病；牛肉中所含的维生素 B_{12} 有助于增强记忆力以及促进碳水化合物、脂肪等代谢。牛肉中富含有锌，有助于伤口和创伤的愈合、促进生长发育以及增强人体免疫力；牛肉中含有的镁可加快胰岛素合成代谢的速度，保护神经，有助于预防糖尿病；牛肉中含有的钾可调节体内酸碱平衡，防止泌尿系统发生病变。

除了上述营养价值外，牛肉味道鲜美、可以提高机体的抗病能力；牛肉还可以补血和加快受伤组织恢复，促进身体痊愈，所以受伤患者可以在膳食中适当增加牛肉的摄入量；研究表明，牛肉具有抑制癌细胞病变的活性成分，因此常吃牛肉可以防癌。

二、牛肉商品种类

牛肉商品的种类很多，按照月龄可分为牛肉和犊牛肉；按照生产方式的不同可分为自然牛肉、绿色牛肉、有机牛肉、生态牛肉、原生态牛肉、草饲牛肉、谷饲牛肉；按照部位差异性可分为线分割与自然分割；按照加工差异性可分为热鲜肉、冷鲜肉、冻肉、真空包装肉、热缩包装肉、气调包装肉、成熟排酸肉；按照消费者心理需求差异可分为多不饱和脂肪酸肉、抗癌牛肉、抗衰老肉、美容益智肉、强身壮体肉、可追溯牛肉、数字营养牛肉等。

牛肉是专指利用饲草饲料将牛养殖 12 月龄以上经屠宰加工产出的牛肉。犊牛肉是指屠宰加工性成熟前健康牛只获得的可食肉品，其产品分为幼仔牛肉（1 日龄前）、犊牛白肉（又称乳犊牛肉、白牛肉，7 月龄前，特殊饲养）、犊牛红肉（又称小牛肉，12月龄前）。犊牛白肉专指利用牛乳或代乳料饲养7月龄以下经屠宰加工产出的犊牛肉，与一般牛肉相比具有营养价值高、肉色浅淡、肉味鲜美、肉质细嫩等美食特点，是颇受市场欢迎的牛肉中的极品。犊牛红肉是指先饲喂牛奶（或代乳料），再以谷物、干草等饲料将犊牛饲喂至6~12月龄经屠宰加工获得的犊牛肉，其基本具备白牛肉所具有的美食、营养特点，但肉色较暗，肉内脂肪沉积较多（或见大理石纹）。由于犊牛红肉生产成本远低于犊牛白肉，已成为颇受欢迎的牛肉精品。

三、牛肉的嫩化技术

牛肉的嫩度指在食用时口感的老嫩，可反映肉的质地，由肌肉中各种蛋白质结构特性决定。嫩度影响牛肉的质量以及消费者对牛肉及其制品的喜爱程度。由于人们对牛肉品质的重视，牛肉嫩化也愈发重要。牛肉嫩化方法较多，在操作生产中，需要从实际出发，确定合适嫩化方法。目前，主要采用物理、化学、生物技术对肉进行嫩化处理，提高牛肉价值，满足人们对牛肉口感和营养的需求。

（一）物理方法

常用的物理方法有机械嫩化法、超高压技术嫩化法、超声波嫩化法以及电刺激嫩化法。机械嫩化法指利用机械力使肉嫩化，其嫩化原理是通过外力破坏肌纤维细胞及肌间结缔组织，分离肌动蛋白和肌球蛋白，使肉的结构被破坏，保水性与黏着性增加，从而提高肉的嫩度。机械嫩化法适用于嫩度低的肉，嫩化过程所需时间较长，可提高20%~50%的嫩度。机械嫩化法又可以分为滚揉嫩化法、重组嫩化法等。滚揉嫩化法是先将肉块腌好，再进行滚揉，破坏肌纤维，从而增强牛肉的系水力来提高嫩度。重组嫩化法是先把肉切成小肉块，然后与磷酸盐和食盐搅拌均匀至成型。

超高压技术嫩化法指在超高压情况下，牛肉的肌球蛋白与肌动蛋白之间的作用力减小，在环境温度20℃的情况下，增加压力可以使pH值上升，酸度增加使细胞膜中的结缔组织发生软化；同时，溶酶体在高压条件下发生破裂产生蛋白酶，导致肌纤维的结构蛋白被分解。在以上两方面的共同作用下，牛肉的嫩度增加，肉的风味、色泽得到改善。

超声波嫩化法是一项新型技术，有安全、经济的优点，可以改善肉的口感、质构和持水力。目前研究较少，它是利用声波对浸入水中需要嫩化的肉产生作用力，造成肌纤维断裂，溶酶体破裂，导致可溶性蛋白浓度增加，组织结构发生改变。该方法可在较短的时间内使肉快速嫩化。

电刺激嫩化法具有简单、高效的优点，可以改善肉的外观、肉色以及口感。但由于电刺激嫩化法存在危险性，所以使用较少。其原理是利用电流对肉进行刺激，导致肌纤维结构破裂，保水性增加，从而提高肉的嫩度。电刺激加快了肉体内发生的糖酵解反应，使肉的 pH 值降低，促进蛋白质分解，使肉的嫩度提高。

（二）化学方法

常用的化学方法有碳酸盐嫩化法、盐酸半胱氨酸嫩化法、多聚磷酸盐嫩化法。碳酸盐嫩化法所用到的碳酸盐包括碳酸钠及碳酸氢钠等，嫩化方法是将其配制成溶液（1% ~ 2%），然后再注射到肉块中，或者将需要嫩化的肉块等放入溶液中。碳酸盐溶液通常是碱性的，它可以提高肉的 pH 值，破坏肉的结构，增强持水性，从而使嫩度增加，并改善肉制品的色泽等，但也会造成部分营养流失。

盐酸半胱氨酸的嫩化原理是通过打下酶分子活性基团的 -SH 基，破坏酶分子的结构，激活解胱酶系统，促进活性蛋白酶的释放，肌肉中的部分蛋白质被其水解，最终提高肉制品的嫩度。

多聚磷酸盐嫩化法是将多聚磷酸盐配制成溶液注射到肉块中。通常情况下添加量为 0.125% ~ 0.375%，少于 0.5%。它的作用机理是利用多聚磷酸盐的碱性作用提高肉的 pH 值，使肌球蛋白的溶解性增加，增大蛋白质静电斥力，促进肌动球蛋白解离。这种方法可以明显改善肉的质构，同时可以抑制脂肪氧化，增加肉的嫩度，使肉的口感极佳，提高切片性和保水性。

（三）生物方法

常用的生物方法有内源蛋白酶法、外源蛋白酶法、激素嫩化法。内源蛋白酶包含钙激活酶与组织蛋白酶，钙激活酶的嫩化效果较好，是一种中性蛋白酶，性质稳定。其嫩化原理是动物被屠宰后，肌浆网结构被破坏，钙离子浓度上升，钙激活酶激活，使 Z 线发生裂解，释放肌丝，分解肌原纤维蛋白，破坏其结构，从而提高肉的嫩度。

外源蛋白酶法具有安全、卫生的优点，可以改善牛肉的嫩度、口感以及减少营养价值的流失。常用的外源蛋白酶有微生物蛋白酶（根酶蛋白酶、米曲蛋白酶、枯草杆菌的碱性蛋白酶等）、植物性蛋白酶（无花果蛋白酶、菠萝蛋白酶、木瓜蛋白酶等）、动物性蛋白酶（胰蛋白酶）等几类，这些酶的性质稳定，其中植物性蛋白酶的嫩化效果较好。

激素嫩化法是在牛被屠宰之前，向身体内注射适量的激素类制剂，例如肾上腺素、胰岛素等。通过注射激素，可以加快糖代谢速度，使肉中糖原和乳酸含量保持在较低水平，提高了肉的 pH 值，使肌球蛋白数量增加，提高肉的嫩度。

第三节　奶牛其他产品与人类健康

随着科技的进步，除了上述的乳制品和肉制品以外，奶牛副产品也得到了更好的开发与利用。对牛副产品的综合利用主要有两方面。一是生化制药，我国生产的生化药物已超过百种，如胃酸、甲状腺素等；二是用作工业原料，如利用牛皮制革，用牛血制取油漆、胶合板等。

肠衣是我国重要的出口畜禽副产品之一，其质地坚韧且富于弹性，同时口径适于灌制香肠和灌肠。充分开发利用牛肠衣资源，利用先进科学工艺及配方生产出的牛肠衣系列产品，不但弥补了市场空白，还具有巨大的潜力和市场前景，开发牛肠衣将会获得巨大的社会效益和经济效益。在进行盐渍牛肠衣制作时，首先应该摘取原肠，原肠必须是来自安全非疫区、健康无病、经过兽医宰前宰后检验的牛，屠宰时取出内脏，保持全肠完整性。然后进行取肠去油→去除内容物→浸洗→刮制→灌水分路→复水→配量尺码→车间抽查→腌肠→沥卤→缠把→厂检→进库贮藏。

从牛身上剥下，没有经过任何化学处理和机械加工的皮为生牛皮。生牛皮经过加工后的产品称为革，在性质上与前者有很大的不同，主要表现为更加柔软，手感舒适，比生牛皮更耐曲折，不易断裂，更耐微生物以及化学物质的作用，卫生性能好，最重要的是结构和性质更稳定。

牛骨是由不同形状的密质骨和松质骨通过韧带和软骨连接起来的，其上附着肌肉，构成动物体的支撑和运动器官，分布在头、躯干和四肢等部位。牛骨中含有丰富的羟磷灰石晶体和无定型磷酸氢钙，其表面还吸附了钙、镁、钠、氯、碳酸氢根等离子。牛骨中钙和磷比例为 2∶1，是人体内吸收钙磷的最佳比例。牛骨中还有人体所必需的钴、铜、铁、锰、硒、锌等微量元素；牛骨中蛋白质和脂肪含量分别为 11.5% 和 8.5%，并含 17 种氨基酸，包括 8 种人体所必需的氨基酸。骨骼中的蛋白质 90% 为胶原、骨胶原及软骨素，有增强皮层细胞代谢和防止衰老的作用；牛骨中还有合理的脂肪酸比例，牛骨中含有的饱和脂肪酸有棕榈酸和硬脂酸，不饱和脂肪酸有油酸和亚油酸，饱和与不饱和脂肪酸的比例为 1∶1，与中国居民膳食营养素参考摄入量表中推荐的比例相符。目前，牛骨加工产品主要有浓缩骨汤、骨精油、宠物罐头、骨味素、鸡精、骨粉、骨明胶等。

参考文献

鲍延安，邢淑芳，徐庆龙，2009. 甘露寡糖对荷斯坦奶牛产奶量及乳常规的影响 ［J］. 饲料研究（2）：61-64.

边巴，2018. 常见奶牛繁殖障碍疾病的防治措施 ［J］. 甘肃畜牧兽医，44（8）：62-64.

蔡勇，2015. 牛体表温度自动采集系统研发及其与体内温度拟合曲线的研究 ［D］. 北京：中国农业科学院.

车超，2006. 纤维素酶、尿素对奶牛生产性能和生化指标的影响 ［D］. 武汉：华中农业大学.

陈傲东，2016. 石河子垦区泌乳奶牛氨基酸平衡日粮的设计与饲喂效果的研究 ［D］. 石河子：石河子大学.

陈珍，刘涛，顾千辉，等，2016. 奶公犊牛肉营养成分的分析 ［J］. 肉类研究，30（4）：21-24.

程光民，陈凤梅，伏桂华，等，2019. 不同蛋白质水平日粮对中国荷斯坦奶牛生产性能、氮消化和血液生化指标的影响 ［J］. 畜牧与兽医，51（1）：35-39.

邓凯伟，史资聪，赵云焕，2019. 三种中草药提取物及其复方组合对奶牛隐性乳腺炎病原菌的体外抑菌试验 ［J］. 黑龙江畜牧兽（17）：135-137.

董利锋，李斌昌，王贝，等，2020. 饲粮非纤维性碳水化合物/中性洗涤纤维对12月龄荷斯坦后备奶牛生长性能、营养物质表观消化率及瘤胃甲烷产量的影响 ［J］. 动物营养学报，32（8）：3688-3697.

FOX，等，2019. 奶与奶制品化学及生物化学 ［M］. 王加启，张养东，等译. 北京：中国农业科学技术出版社.

范钊，2019. 中草药添加剂对热应激奶牛产奶性能和血液生化指标的影响 ［J］. 湖北畜牧兽医，40（10）：8-9.

冯雪，2011. 维生素与奶牛饲养 ［J］. 草业与畜牧（6）：46-47.

符世雄，吴秀秀，左福元，2015. 中草药饲料添加剂在奶牛生产中的应用［J］. 黑龙江畜牧兽医（13）：78-81.

郭爱伟，熊春梅，万海龙，等，2008. 矿物质营养对奶牛繁殖性能的影响［J］. 中国奶牛（9）：29-32.

郭玮，周海柱，2019. 中草药治疗奶牛乳腺炎研究进展［J］. 畜禽业，30（12）：115.

哈基提·努尔拉力，2020. 规模养殖场奶牛泌乳期的饲养管理［J］. 畜禽业，31（6）：52.

黄国锋，张振钿，钟流举，等，2004. 重金属在猪粪堆肥过程中的化学变化［J］. 中国环境科学，24（1）：94-99.

黄国欣，张养东，郑楠，等，2019. ω-3 多不饱和脂肪酸对奶牛生理功能的影响及其调控机制的研究进展［J］. 动物营养学报，31（1）：32-41.

黄国欣，张养东，郑楠，等，2019. 牛乳中 ω-3 多不饱和脂肪酸调控的研究进展［J］. 动物营养学报，31（11）：4917-4926.

黄丽萍，2018. 泌乳期奶牛的饲养管理技术要点［J］. 现代畜牧科技（9）：42.

霍晓静，2014. 基于物联网的奶牛场数字化管理关键技术研究［D］. 保定：河北农业大学.

姜毓君，2019. 我国乳品质量安全现状及发展建议［J］. 中国食品药品监管（2）：31-36.

蒋林树，陈俊杰，2014. 现代化奶牛饲养管理技术［M］. 北京：中国农业出版社.

焦蓓蕾，贺永强，杨爱芳，等，2019. 奶牛福利五项原则的探讨研究［J］. 中国乳业（10）：40-43.

李兰春，2014. 健康养殖的意义及推广策略［J］. 当代畜牧（3）：75-76.

李蓉，2018. 高温高湿对泌乳奶牛生产性能和粪样菌群的影响及喷淋效果研究［D］. 武汉：华中农业大学.

李三吓，闫婧姣，2020. 奶牛泌乳期的饲养管理［J］. 畜牧兽医科技信息（1）：93.

李世歌，2014. 牛床舒适度等级对泌乳牛泌乳性能，繁殖性能和健康状况的影响研究［D］. 兰州：甘肃农业大学.

李淑红，2018. 奶牛各阶段的生理特点和饲养管理方法［J］. 现代畜牧科技（7）：10.

李晓丽，2018. 高产奶牛不同生长阶段的饲管要点［J］. 畜牧兽医科技信息（7）：25.

李永志，2012. 现代奶牛健康养殖技术［M］. 北京：科学技术文献出版社.

李元恒，金龙，韩国栋，等，2013. 植物单宁在反刍动物营养和健康养殖作用中的研究进展［J］. 草地学报，21（6）：1043-1051.

李占锋，薛白，王立志，等，2012. 黄芪组方中草药添加剂抗奶牛热应激效果及其作用机理的研究［J］. 中国畜牧杂志，48（1）：51-55.

刘立尧，苑林，2012. 食品安全视角下健康养殖发展策略研究［J］. 黑龙江畜牧兽医（6）：15-17.

刘南南，2014. 日粮碳水化合物平衡指数和延胡索酸对山羊瘤胃发酵，微生物区系和甲烷产生的影响［D］. 杨凌：西北农林科技大学.

刘艳琴，朱慧中，李建国，等，2001. 脂肪酸钙对中国荷斯坦牛营养物质全消化道消化率影响的研究［J］. 饲料研究（3）：3-5.

罗文慧，2018. 奶牛常见中毒性疾病防治措施［J］. 中国畜禽种业，14（10）：119.

马驰，2018. 提高奶牛泌乳性能的技术要点［J］. 现代畜牧科技（8）：10.

马丽艳，2011. 牛初乳的营养保健功能及开发利用［J］. 中国食物与营养，17（8）：76-78.

毛宏伟，逄国梁，张眉，等，2013. 重视奶牛福利发展健康养殖［J］. 畜牧兽医杂志，32（4）：37-39.

蒙贺伟，郭跃虎，高振江，等，2013. 双模自走式奶牛精确饲喂装备设计与试验［J］. 农业机械学报，44（2）：52-56.

农业农村部发布药物饲料添加剂退出计划，2019. 中华人民共和国农业农村部公告第194号［J］. 湖南饲料（4）：15.

彭华，李军平，2020. 我国奶牛养殖机械化智能化信息化应用现状分析［J］. 中国食物与营养，26（10）：5-9.

任海军，2008. 壳聚糖对奶牛产奶性能和免疫功能影响的研究［D］. 呼和浩特：内蒙古农业大学.

任秋鸿，庄超，彭华，2019. 我国乳制品分类浅析［J］. 中国乳业

（9）：67-69.

双金，金曙光，包鹏云，等，2004. 探讨富含 α- 亚麻酸的添加剂对奶牛脂肪代谢及免疫功能的影响［J］. 黑龙江畜牧兽医（11）：16-18.

宋小珍，付戴波，瞿明仁，等，2012. 热应激对肉牛血清内分泌激素含量，抗氧化酶活性及生理生化指标的影响［J］. 动物营养学报，24（12）：2485-2490.

苏海霞，2016. 乳制品的分类与营养［J］. 食品安全导刊（25）：55-56.

孙宝忠，李海鹏，2012. 牛肉加工新技术［M］. 北京：中国农业出版社.

孙德成，王旭东，王辉，等，2005. 天然植物中草药添加剂对奶牛生产性能的影响［J］. 内蒙古民族大学学报（自然科学版），20（5）：533-536.

孙齐英，2010. 抗热应激中草药添加剂对奶牛免疫功能及生产性能的影响［J］. 安徽农业科学，38（17）：9026-9028.

田雯，2017. 功能性氨基酸（亮氨酸和精氨酸）对奶牛乳蛋白合成调控作用及机制的研究［D］. 扬州：扬州大学.

田志梅，崔艺燕，杜宗亮，等，2020. 抗生素替代物在畜禽养殖中的研究及应用进展［J］. 动物营养学报，32（4）：1516-1525.

王翠萍，王秀英，2006. 育成奶牛饲养管理要点［J］. 中国乳业（4）：35.

王丰，张波，周明旭，等，2020. 国内外奶牛疫病预警监测技术发展现状［J］. 中国动物检疫，37（10）：80-86.

王佳佳，邓源喜，王丹丹，等，2019. 牛肉的营养价值及牛肉嫩化技术的研究进展［J］. 肉类工业（9）：55-58.

王利革，2021. 犊牛的饲养管理技术［J］. 现代畜牧科技（1）：50-51.

王欣，楚康康，2020. 规模化牧场围产期奶牛饲养管理要点［J］. 中国畜牧业（4）：78-79.

王星凌，陶海英，游伟，等，2015. 日粮蛋白质和赖氨酸水平对奶牛产奶性能、氮代谢和血液指标的影响［J］. 中国奶牛（13）：10-14.

王赞江，孙咏梅，2011. 夏季奶牛行为学观察［J］. 中国乳业（6）：34-35.

王祖新，王之盛，王立志，等，2009. 不同季节温湿度指数对奶牛生产性能和生理生化指标的影响［J］. 中国畜牧杂志，45（23）：60-63.

吴秋珏，徐廷生，黄定洲，2006. 碳水化合物及其在反刍动物饲养中的应用研究［J］. 当代畜牧（10）：21-23.

吴秋珏，徐廷生，2006. 几个反映饲粮碳水化合物指标的比较［J］. 饲料与畜牧（7）：21-23.

吴秋珏，2005. 饲粮结构与非结构碳水化合物比例与绵羊消化代谢及瘤胃代谢参数［D］. 兰州：甘肃农业大学.

许燕平，2018. 泰州市猪肉、禽肉、禽蛋和生鲜牛乳中常见抗菌药物残留的监测［D］. 扬州：扬州大学.

杨富裕，王成章，2016. 食草动物饲养学［M］. 北京：中国农业科学技术出版社.

杨文强，2016. 过瘤胃脂肪对晋南牛瘤胃发酵、营养物质消化及尿嘌呤衍生物的影响［D］. 晋中：山西农业大学.

杨效民，贺东昌，2011. 奶牛健康养殖大全［M］. 北京：中国农业出版社.

于斌，蔡树美，辛静，等，2009. 规模化奶牛养殖场对环境污染的影响与防治［J］. 畜牧与饲料科学，30（1）：163-165.

于啸，2016. 奶牛精量饲喂控制系统的研究［D］. 长春：吉林大学.

于珠，2014. 奶牛采食与消化的特点［J］. 现代畜牧科技（5）：37.

余婕，周源，程蕾，等，2017. 日粮中添加膨化亚麻籽对奶牛乳品质及脂肪酸组成的影响［J］. 饲料博览（2）：5-8.

袁洪斌，徐晓慧，2016. 育成母牛的饲养管理［J］. 现代畜牧科技（2）：29-31.

袁玉昊，田玉辉，李澳，等，2020. 牛场精料撒料及推草机器人设计［J］. 机电工程技术，49（12）：101-103.

张彩霞，张帆，宋丽华，等，2017. 矿物质微量元素营养舔砖对奶牛生产性能及健康的影响［J］. 中国畜牧杂志，53（10）：75-79.

张彩英，胡国良，曹华斌，2010. 反刍动物瘤胃内环境的特点及调控措施［J］. 中国畜牧兽医，37（4）：18-20.

张翠绵，魏鹏，李超，等，2008. 奶牛养殖废弃物对环境的影响及其防治措施［J］. 河北农业科学，12（3）：108-109.

张晓明，2011. 奶牛养殖业对环境的污染及其控制［J］. 中国畜牧杂志，47（8）：38-42.

赵国琦, 2015. 草食动物营养学 [M]. 北京: 中国农业出版社.

周勃, 2018. 奶牛常见寄生虫病的防治措施 [J]. 吉林畜牧兽医, 39 (6): 47+50.

周光宏, 2011. 畜产品加工学 [M]. 第2版. 北京: 中国农业出版社.

周盟, 2013. 植物乳杆菌和枯草芽孢杆菌及其复合菌在断奶仔猪和犊牛日粮中的应用研究 [D]. 乌鲁木齐: 新疆农业大学.

朱丹, 2015. 奶牛不同碳水化合物组成日粮营养价值评定研究 [D]. 长沙: 湖南农业大学.

朱俊峰, 2017. 奶牛常见疾病的防治措施 [J]. 农业工程技术, 37 (26): 66-67.

朱文涛, 2019. 中草药在奶牛养殖中的应用 [J]. 中兽医学杂志 (3): 94.

ARNAUD C, JOYEUX M, GARREL C, et al., 2010. Free-radical production triggered by hyperthermia contributes to heat stress-induced cardioprotection in isolated rat hearts [J]. British Journal of Pharmacology, 135 (7): 1776-1782.

BALDI A, IOANNIS P, CHIARA P, et al., 2005. Biological effects of milk proteins and their peptides with emphasis on those related to the gastrointestinal ecosystem [J]. The Journal of Dairy Research, 72: 66-72.

BEAUCHEMIN K A, MCGINN S M, 2006. Methane emissions from beef cattle: effects of fumaric acid, essential oil, and canola oil [J]. Journal of Animal Science, 84 (6): 1489.

BILIK K, LOPUSZAńSKA-RUSEK M, 2010. Effect of adding fibrolytic enzymes to dairy cow rations on digestive activity in the rumen [J]. Annals of Animal Science, 10 (2): 127-137.

BOUDRA H, 2009. Mycotoxins: an insidious menacing factor for the quality of forages and the performances of the ruminants [J]. Fourrages, 199 (199): 265-280.

CASTRO J J, GOMEZ A, WHITE B A, et al., 2016. Changes in the intestinal bacterial community, short-chain fatty acid profile, and intestinal development of preweaned Holstein calves 1. Effects of prebiotic supplementation depend on site and age [J]. Journal of Dairy Science, 99 (12): 9682-9702.

CHERNEY D J R, CHERNEY J H, CHASE L E, 2003. Influence of Dietary Carbohydrate Concentration and Supplementation of Sucrose on Lactation Performance of Cows Fed Fescue Silage [J]. Journal of Dairy Science, 86: 3983-3991.

CLARK D A, CLARK D B, 1992. Life History Diversity of Canopy and Emergent Trees in a Neotropical Rain Forest [J]. Ecological Monographs, 62 (3): 315-344.

COLMENERO J J, BRODERICK G A, 2006. Effect of dietary crude protein concentration on milk production and nitrogen utilization in lactating dairy crows [J]. Journal of Dairy Science, 89: 1704-1712.

DADO R G, ALLEN M S, 1995. Intake Limitations, Feeding Behavior, and Rumen Function of Cows Challenged with Rumen Fill from Dietary Fiber or Inert Bulk [J]. Journal of Dairy Science, 78 (1): 118-133.

DAVIDSON S, HOPKINS B A, DIAZ D E, et al., 2003. Effect of amount and degradability of dietary protein on lactation, nitrogen utilization, and excretion in early lactation Holstein cows [J]. Journal of Dairy Science, 86: 1681-1689.

FOLEY P A, KENNY D A, CALLAN J J, et al., 2009. Effect of DL-malic acid supplementation on feed intake, methane emission, and rumen fermentation in beef cattle [J]. Journal of Animal Science (3): 1048-1057.

FRANKLIN S T, NEWMAN M C, NEWMAN K E, et al., 2005. Immune parameters of dry cows fed mannan oligosaccharide and subsequent transfer of immunity to calves [J]. Journal of Dairy Science, 88 (2): 766-775.

GREEN M, BRADLEY A, 2013. The changing face of mastitis control [J]. Veterinary Record, 173 (21): 517-521.

HTUN A, SATO T, HANADA M, 2016. Effect of difructose anhydride III supplementation on passive immunoglobulin G transfer and serum immunoglobulin G concentration in newborn Holstein calves fed pooled colostrum [J]. Journal of Dairy Science, 99 (7): 5701-5706.

JALILVAND G, ODONGO N E, LÓPEZ S, et al., 2008. Effects of different levels of an enzyme mixture on in vitro gas production parameters of contrasting forages [J]. Animal Feed Science & Technology, 146 (3-

4）：289-301.

KHOSHVAGHT A, TOWHIDI A, ZARE - SHAHNEH A, et al., 2016. Dietary n-3 PUFAs improve fresh and post-thaw semen quality in Holstein bulls via alteration of sperm fatty acid composition [J]. Theriogenology, 85 (5)：807-812.

KNOWLTON K F, MCKINNEY J M, COBBT C, 2002. Effect of a direct-fed fibrolytic enzyme formulation on nutrient intake, partitioning, and excretion in early and late lactation Holstein cows [J]. Journal of Dairy Science, 85 (12)：3328-3335.

LU Q, WU J, WANG M, et al., 2016. Effects of dietary addition of cellulase and a Saccharomyces cerevisiae fermentation product on nutrient digestibility, rumen fermentation and enteric methane emissions in growing goats [J]. Archives of Animal Nutrition, 70 (3)：224-238.

MASSIMO M, FRANCESCA M, ANDREA S, et al., 2002. Protein and fat composition of mare's milk: some nutritional remarks with reference to human and cow's milk [J]. International Dairy Journal, 12 (11)：869-877.

MCINTOSH F M, WILLIAMS P, LOSA R, et al., 2003. Effects of essential oils on ruminal microorganisms and their protein metabolism [J]. Applied and Environmental Microbiology, 69 (8)：5011-5014.

MENSINK R P, 2005. Dairy products and the risk to develop type 2 diabetes or cardiovascular disease [J]. International Dairy Journal, 16 (9)：1001-1004.

MERO A, KÄHKÓNEN J, NYKÓNEN T, et al., 2002. IGF-I, IgA, and IgG responses to bovine colostrum supplementation during training [J]. Journal of Applied Physiology, 93 (2)：732-739.

MICHAELIDOU A, STEIJNS J, 2006. Nutritional and technological aspects of minor bioactive components in milk and whey: Growth factors, vitamins and nucleotides [J]. International Dairy Journal, 16 (11)：1421-1426.

OBA M, ALLEN M S, 2000. Effects of Brown Midrib 3 Mutation in Corn Silage on Productivity of Dairy Cows Fed Two Concentrations of Dietary Neutral Detergent Fiber: 3. Digestibility and Microbial Efficiency [J].

Journal of Dairy Science, 83 (6): 1342-1349.

OELKER E R, REVENEAU C, FIRKINS J L, 2009. Interaction of molasses and monensin in alfalfa hay-or corn silage-based diets on rumen fermentation, total tract digestibility, and milk production by Holstein cows [J]. Journal of Dairy Science, 92 (1): 270-285.

PATRA A K, 2012. Enteric methane mitigation technologies for ruminant livestock: a synthesis of current research and future directions [J]. Environmental Monitoring & Assessment, 184 (4): 1929-1952.

PFEUFFER M, SCHREZENMEIR J, 2007. Milk and the metabolic syndrome [J]. Obesity Reviews, 8 (2): 109-118.

POLÁKOVÁ K, KUDRNA V, KODEŠ A, et al., 2010. Non - structural carbohydrates in the nutrition of high - yielding dairy cows during a transition period [J]. Czech Journal of Animal Science, 55 (11): 468-478.

RANJITKAR S, BU D, MARK V W, et al., 2020. Will heat stress take its toll on milk production in China? [J]. Climatic Change, 161: 637-652.

ROMERO J J, MACIAS E G, MA Z X, et al., 2016. Improving the performance of dairy cattle with a xylanase-rich exogenous enzyme preparation [J]. Journal of Dairy Science, 99 (5): 3486-3496.

SANTOS M B, ROBINSON P H, WILLIAMS P, et al., 2010. Effects of addition of an essential oil complex to the diet of lactating dairy cows on whole tract digestion of nutrients and productive performance [J]. Animal Feed Science & Technology, 157 (1-2): 64-71.

SANTOSO B, MWENYA B, SAR C, et al., 2004. Effects of supplementing galacto-oligosaccharides, Yucca schidigera or nisin on rumen methanogenesis, nitrogen and energy metabolism in sheep [J]. Livestock Production Science, 91 (3): 209-217.

SCHOLZ-AHRENS K E, SCHREZENMEIR J, 2006. Milk minerals and the metabolic syndrome [J]. International Dairy Journal, 16 (11): 1399-1407.

TRAORE F, FAURE R, OLLIVIER E, et al., 2000. Structure and anti-protozoal activity of triterpenoid saponins from Glinus oppositifolius [J]. Planta Medica, 66 (4): 368-371.

VALTONEN M, NISKANEN L, KANGAS A P, et al., 2005. Effect of me-
latonin-rich night-time milk on sleep and activity in elderly institutionalized
subjects [J]. Nordic Journal of Psychiatry, 59 (3): 217-221.

VAN DER M R, KLEIBEUKER J H, LAPRÉ J A, 1991. Calcium phos-
phate, bile acids and colorectal cancer [J]. European Journal of Cancer
Prevention, 1: 55-62.

WANG Y, MCALLISTER T A, 2002. Rumen microbes, enzymes and feed
digestion-a review [J]. Asian Australasian Journal of Animal Sciences,
15 (11): 1659-1676.

YANG W Z, BEAUCHEMIN K A, RODE L M, 1999. Effects of an enzyme
feed additive on extent of digestion and milk production of lactating dairy
cows [J]. Journal of Dairy Science, 82 (2): 391-403.